省钱大作战

挣得少？没关系！咱省着花，也能过上幸福生活！

SHENG QIAN
DA ZUO ZHAN

刘惠◎编著

当代世界出版社

图书在版编目（CIP）数据

省钱大作战／刘惠编著． —北京 ：当代世界出版社，2010.9

ISBN 978-7-5090-0677-1

Ⅰ．①省… Ⅱ．①刘… Ⅲ．①财务管理－通俗读物

Ⅳ．①TS976.15-49

中国版本图书馆CIP数据核字(2010)第186197号

出版发行：当代世界出版社

地　　址：北京市复兴路4号(100860)

网　　址：http://www.worldpress.com.cn

编务电话：(010)83908400

发行电话：(010)83908410(传真)

　　　　　　(010)83908408

　　　　　　(010)83908409

　　　　　　(010)83908423(邮购)

经　　销：全国新华书店

印　　刷：北京建泰印刷有限公司

开　　本：787×1092毫米　1/16

印　　张：16.25

字　　数：220千字

版　　次：2010年10月第1版

印　　次：2010年10月第1次

印　　数：1-7000 册

书　　号：ISBN 978-7-5090-0677-1

定　　价：29.00元

省钱是一场战争

身处钢筋水泥森林的人们，大都过着这样一种生活，每天一睁开眼，仿佛就有一连串数字蹦出脑海：房贷5000，吃穿用度2000，孩子上学1000，人情往来500，交通费300，手机电话费200，还有煤气水电费100……

这就是我们每个人生活在一个城市的成本，这些数字逼得我们一天都不敢懈怠，朝九晚五，容颜憔悴，为了生存，在风雨中奔波；为了责任，叹息在梦中。

每个月都在挣钱，可手头还是没有余钱，钱就像流水一样不作半点停留，从我们的手中匆匆滑过。无论我们怎样地拼命，无论我们怎样地抱怨，钱还是一样地不够花，我们一样地还是没钱的人。其实，钱不仅仅是挣出来的，也是省出来的！

现如今，一个炫耀财富的时代已经结束，一个提倡省钱的时代已经来临！

省钱是一场战争，一场没有硝烟、没有战火的隐藏于我们生活方方面面的战争，一场需要我们坚定作战意志的长期的战争，一场以省钱为终极作战目标的战争。

懂得省钱的人，是懂得生活的人。他们可以花比其他人少得多的钱，过着依然优质的生活，享受着生活的快乐。所以，我们每一个人都应该以极大的热情和毅力投入到这场战争中，让省钱成为你的习惯，将省钱贯穿到生活的每一个角落。

如此，你会惊喜地发现，原来我的钱挣得并不少，原来我也可以月月有余，原来我也是个会享受生活的人，原来我也是个有钱人！

本书将为您的这场战争提供武器装备，为您介绍各种经过实践总结出来的作战经验，教您用轻松的方法赢得这场战争。

书中引用了大量的生活实例，为您解说在生活的方方面面怎样省钱，让您省钱的生活成为有品质的生活，让您切实地得到实惠。

如果您将这些实用的内容运用到自己的生活中去，您就会成为一个真正的省钱达人、生活达人。本书是您省钱生活的指南针，是您这场省钱战争的作战图，是让您一生都受益匪浅的工具书。

纸上得来终觉浅，绝知此事要躬行。方法虽好，但一定要付诸实践，只有这样，才能真正体会到其中的好处和奥妙。省钱是一场战争，这场战争需要我们的毅力和坚持，浅尝辄止的人永远也不能尝到苦瓜片最后的清甜。

顽强的毅力可以征服世界上任何一座高峰。省钱也是如此，这是一场持久战，只有一直坚持的人才能赢得战争真正的胜利，才能尝到最鲜美的胜利果实。

因为你的毅力，因为你的坚持，慢慢地，你会发现，省钱成为了你的一种习惯，这场所谓的持久战不过是让你形成一种强大的习惯力量。至此，你的省钱之战就赢得了彻底的胜利！你的幸福生活就会从此开始！

那么，现在，就从此刻开始，伸展伸展你疲倦的身体，休整休整你烦乱的心情，迈出省钱大作战的第一步！

目 录

成功战士提醒：有钱人也要开源节流。

成功战士提醒："我没零钱了"这句话很好用。

成功战士提醒：集中采买，不盲目。

成功战士提醒：不一定要大牌。

成功战士提醒：明星省钱的美容妙招。

成功战士提醒：肚子饿，不逛街。

成功战士提醒：花钱花在刀刃上。

成功战士提醒：不需要花钱的地方多了。

成功战士提醒：给自己留条后路。

成功战士提醒：各地生活标准不一样。

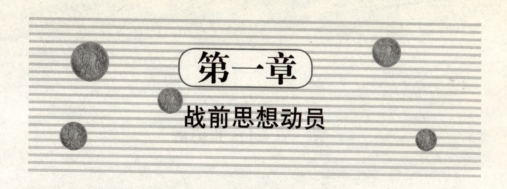

第一章
战前思想动员

　　能源短缺了！物价上涨了！金融海啸轰隆而至，通货膨胀赖着不走……越来越多的人有了省钱的意识，省钱！省钱！再省钱！刚入社会的年轻人、月光族、低收入家庭，甚至中产阶层、有钱人，都开始省钱啦！省钱成为一种精神，一种信仰，一种积极的生活态度，一种现代达人乐观向上的姿态。

　　钱是赚出来的，也是省出来的。财富的积累不仅是靠流进多，也是靠流出少。省钱是一场生活中的隐形战争，它躲藏在日常生活的点点滴滴中，只有那些想省钱又在意生活细节的人，才能在这场战争中取得胜利。

　　来吧！亲爱的朋友，调整你的心态，加足你的马力，让我们一起开始这场省钱大作战！

第一节 财富的秘密

人人都想发财，人人都想拥有足够的金钱，过上舒适的生活。财富的到来，不是一种偶然。财富是由不懈的奋斗、非凡的观念、正确的方法以及持之以恒的节省得来的。

其实，发财毫无秘密可言。这所谓的秘密，只不过是我们的做人之道、处世之道、生活之道，在现实的人生中结出的果实。这果实是"贫穷"还是"富有"，全取决于我们自己。

一、观念成"财"

有一本书叫《贫富只在一念之间》，解读了富豪们的财富观念，不强调他们的财富排名和资产额，而突出他们的故事、他们事业的转折点以及他们拥有财富的观念，这些才是我们真正应该重视的东西。

那么多的富豪，他们致富的最重要因素是什么？这是很多人都关心的问题，通过解读富豪们的创业历程，不难发现，一个成功的创业执行者需要诸多因素。然而观念显得尤为重要。

思路决定出路，观念赢得财富。纵观名扬中外的成功人士，他们之所以登上令人羡慕的"富翁宝座"，就是因为他们挖掘到了财富的源泉——与众不同的"观念"。

创业观念：一个没有正确创业观念的人，如同一艘没有舵的船，永远漂流不定，难以到达财富的彼岸。

竞争观念：不在竞争中寻求财富，就在竞争中贫困度日。

冒险观念：不经历挫折，怎能赢得财富？只有勇于攀登，走出平庸，敢于冒险，才能拥有财富。

危机观念：追求财富的道路，有如逆水行舟，不进则退。一些人之所以能够成为亿万富翁，是因为他们居安思危，从来不曾放慢自己前进的脚步，他们明白，成功的道路上不可以逗留。

创新观念：没有创新，就没有人类的进步和未来，就无法赢得财富。

知识观念：知识改变命运，知识就是财富。知识广博、经验丰富的人肯定比那些庸庸碌碌的人容易获得财富。在通往财富的大路上，跑在最后面的肯定是缺少知识、技能的门外汉。

素质观念：高尚的品德是无形的资产。记住，财富永远钟情于道德高尚的高素质人士。

管理观念：在商战中，那些财富巨子们，不仅要求自己是一个真正的"水手"，而更应该是一个优秀的"船长"。

要想赢得财富，就必须要有以上8个观念，这也是决定你是穷人还是富人的利器！

二、奋斗成"财"

获取财富必须奋斗。在追求财富的道路上，挫折是不可避免的，失败可以毁灭一个人，也能成就一个人。强者会把失败作为自己奋进的风帆，弱者会在失败中自怨自艾、自甘沉沦。失也好，败也罢，痛苦或者控诉虽可以招致怜悯，却对改变命运、获取财富毫无用处。

把精力和光阴耗费在哀叹、彷徨、诅咒上，不如想办法去奋斗、拼搏。人生的财富来自逆境中的挣扎、磨炼，通过奋斗战胜失败，美好的生活就会到来。

一手创立鸿海精密集团的郭台铭，至今回顾鸿海的创业历程，其中的酸甜苦辣、个中滋味，只有自己能够体会。自创业后，郭台铭就是个不折不扣的工作狂。他总是第一个上班、最后一个下班的人，他每天坚持至少工作15小时。即使晚上下飞机，他也会马上赶到公司，加班到三更半夜。

如今的郭台铭事业越做越大，2010年他以55亿美元的身价被美国《福布斯》杂志列为全球巨富排行榜第136位，并成为台湾首富，鸿海公司产

值连续3年稳居台湾最大的民营制造业企业。

财富总是和勤劳形影不离，不管你是推手推车的，还是开豪华轿车的，只要你努力奋斗，就一定会迎来财富到来的那一天。

区区人生几十年，此时不搏，更待何时？获得财富必须努力奋斗。

三、方法成"财"

所有渴望成功的企业和个人，都清楚这样的道理：所有的成功都是"方法成功了"的成功！也就是说，没有"成功的方法"就没有"成功的结果"——不论在树立目标阶段，还是实现目标阶段。如果没有方法，将意味着既不能确立正确且可行的目标，也不能够顺利获得所希望的结果。

方法与结果，或者说方法与成功之间的这种"对应关系"，决定了未来的竞争一定是围绕方法展开的竞争，一定是追求越来越高的"工作方法有效性"的竞争。从方法的有效性中能够体现出思维的质量，从提高的质量中可以发现左右思维质量的要素。

在西方有这样一个故事，说的是一对德国夫妇去菲律宾旅行，发现一种虾很受人们欢迎，价格也便宜。他和妻子就把虾捎给自己的亲戚好友。奇怪的是，这种虾一送出去亲戚朋友就纷纷上门讨要，而且向他们打听是在哪个商店买的。

其实这种虾只是一种生长在热带海洋中的普通小虾，自幼爬进石头缝里，然后在里面成长为雌雄虾，关在里面不出来，终其一生。

德国夫妇一看此虾这么受人欢迎，马上就找到了致富的方法，立即专程飞往菲律宾进口了一大批雌雄虾带回德国，然后以"偕老同穴"命名，加上精美的包装出售，并打出此虾能给新婚夫妇带来幸福的广告。购买者趋之若鹜，往往会买上一对送给结婚的朋友。

很快，这种虾便供不应求，进口1美元的东西，一下子竟卖到270美元的天价。

这对德国夫妻的成功，既非依赖于复杂的工艺，也非投入了高成本，获得回报只是因为他们心思细腻，创意巧妙，善于发现致富的方法。在菲律宾很一般、很寻常的虾，他们却能够抓住雌雄虾爱情专一的象征，以爱情为主题加以宣传，并加以包装和广告宣传，正好吻合了每个消费者渴求幸福美满的心态。

方法在获得成功、创造财富中的重要性显而易见。

四、让财富梦想疯狂起来

拥有财富梦想是一件幸运的事，因为拥有它，我们就更有力量去获取财富。而我们要做的，不仅是拥有财富梦想，还要让这个梦想更疯狂一点，这样，我们获取财富的可能性才会更大。

1.财富梦想的力量

人生因为梦想而美好，人因为拥有财富梦想才会拥有财富。财富梦想的力量是巨大的，它有着无限的能量。当你拥有财富梦想时，千万不可低估了它，只要你让这个梦想再疯狂一点，你就会爆发巨大的力量去节省。

以前，有一个天真可爱的小男孩，躺在医院的病床上若有所思，只见他在一张纸上写满了数字。于是有人很好奇地问这位孩子："你为什么在纸上写这么多的数字？""这些数字代表钱，是我以后要拥有的钱。"这位小男孩就是世界排名第3的亿万富翁——沃伦·巴菲特。可见这富老头从小就已设定了疯狂的财富梦想，而且他的梦想现在成为了现实。

永远不要低估财富梦想的力量，它是开发财富最好的工具。

2.让梦想成为土豆

人类的大脑喜欢清晰、具体的事物，如果能够向心里不断传递明确、生动、细节清楚的事物，这个事物就会越来越深地刻在心里，我们的注意力和行为就会集中起来。打个比方，你很想吃些蔬菜，于是你到菜场告诉卖菜的小妹想要买一棵蔬菜，小妹会不知道卖给你什么，因为你提供的信息不够具体。蔬菜有很多种，是要白萝卜，还是西红柿？其实你想要的是土豆，当你明确地告诉这位小妹，你就会得到土豆。

我们的大脑就像是卖菜的小妹，你将梦想传递给大脑说，"我想拥有财富"，它也会很困惑，因为财富的概念太笼统。你如果更具体地说，

"拥有1000万，我就满足了"，就明确了许多。不过还需要更明确、具体一些，是美元、英镑，还是人民币……将梦想想象得越具体，就越能集中精力和能量，你也越有可能将它变为现实。

有一位青年，很贫穷，住在一间租来的简陋房子里，靠着微薄的薪水生活，他很想拥有自己的房子。有一位大师告诉这位年轻人，他需要先将他很想要的东西在脑海中绘出一幅清晰而具体的图像，在各种奇妙因素的作用下，他的渴望和梦想就会成为现实。这位青年将信将疑，自己真的可以改变命运，拥有财富吗？

日子很快地流过，他依然那样贫穷，终于有一天，他决定试行一下大师告诉的方法，并开始构想出了一个合理的愿望蓝图：拥有一个新的书架，刚好放在他房间里最喜欢的地方；还希望有一台热水器，可以洗热水澡。有趣的是，经过他的努力，没几个月就拥有了这些东西。

他于是开始用同样的方法追求更多的愿望，他开始具体地描绘如何将他住的地方变成喜欢的小窝，窗上要有喜欢的窗帘，要装上空调，写字台上要有电脑，合适的地方要配上家具……逐渐的，他的房间成了他愿望中的小窝。

开始追求你的财富梦想吧，你有足够的能力去实现它，我们都有足够的能力去实现它，你只要让它成为一个清晰具体的土豆。然后，天天想象它，并一步步地行动，你就会越来越靠近它，最后实现它。

3.让财富梦想及时孵化

财富梦想是我们生活中最应该去追求的美女，它会让我们的生活灿烂而美好，可是为什么财富总是悄悄从我们身边溜走了呢？

现今的社会，很多人都认为追求梦想是一件很奢侈的事。当我们为工作忙碌、为生活奔波、为压力劳累时，我们往往会忽视心中的梦想，财富也会慢慢离我们远去。

梦想就像鸡蛋，如不及时孵化，就会变臭。赶快孵化你的梦想吧！只有这样，财富才会破壳而出。

4.再疯狂一点

人的潜力究竟有多大？至少现在还没有看到其边界，所以不要轻言人的一生所能达到的高度、所能拥有的财富。你怎么会拥有连你自己都不相信的财富呢？

有人作过一个比方，说有一只蚂蚱，本来可以跳得很高，可是当你把它放进一只瓶子，并塞上瓶塞，蚂蚱会试图从瓶子里面跳出来，可是却每次都被瓶塞挡了回去，久而久之蚂蚱相信自己所能达到的高度就到瓶塞为止，后来即使将瓶塞拿开，蚂蚱所跳的高度也不会超过瓶塞原来的位置。

你要相信自己是一座金矿，其中所蕴藏的价值可以产生无穷多的可能性。使它开发出来的最大的限制来自你的想象和信念，前提是你要想到，这种可能性才有机会成为现实。拥有财富并不像你想象的那么复杂，只要你努力一点、智慧一点、疯狂一点，你的财富梦想就一定会实现。

所以你要做的，就是比你的想象更疯狂一点。

第二节 节省等于多赚

说到省钱，有的人会不屑一顾，钱是赚出来的，不是省出来的，省要省到什么时候？赚钱的目的就是为了改善生活，如果一味省钱，生活需求怎么得到满足？

钱到底是赚出来的，还是省出来的？其实，钱既要赚也要省，尤其对于刚入职场的新人和工薪阶层这些开源不容易的人来说，要积累财富，最重要的一点就是"省"，节省等于多赚，省下来的就是赚出来的。

一、洞悉"省"的威力

虽说钱是赚出来的，不是省出来的，但不懂得省，就不会积累出钱财。在收入比较单一的情况下，要积累财富，省钱显得尤为重要，"省"的威力也显得尤为巨大。

省钱大作战
shengqiandazuozhan

1.开源不易，着重在"省"

对于靠固定工资生活的工薪阶层，以及刚进入职场的新人来说，开源不容易，工资是最重要的收入。如果此时不懂得节省，就可能沦为"月光族"，甚至入不敷出，财政赤字伴随你日日的生活。而懂得节省之后，生活就是另外一番天地，省下来的钱也会有意想不到的收获。

林淼大学毕业后，在北京找了一份每月薪水只有1500元的工作，她发现这点可怜的工资竟然连付一间像样点的房子的租金都不够，不过这也没什么办法，刚开始工作，谁都是苦打苦熬过来的。林淼的家里也没有多余的钱可以帮她，于是一切只能靠自己了。

她用500块钱租了三居室中的一间，这在当时看来已经是很奢侈的了，就这样，她开始了在北京的生活。可是5年后的今天，林淼的生活却有了极大的好转，因为在这5年时间里，她学会了如何省钱，如何从现有的工资里不断地累积财富。

开始，林淼租的是一间家具比较简单的房子，而所有的家用电器都是自己在二手市场或同事那里淘来的。她用了两个月的时间，先后添置了空调、电饭煲、电视、衣柜等等，总价不到800元；半年后又添置了冰箱和洗衣机，总共600元，而如果是配齐家用电器的房租，起码要每月800元以上，这样在头半年就省下了所有家当的钱。

三年后，林淼将原来的旧家具电器拿去二手市场卖，竟然收入了千余元，这样两年时间算下来，她就省下了许多钱！

《清史稿·英和传》里说道：理财之道，不外开源节流。即增加收入，节省开支。所以，在开源困难的时候，节省开支是重中之重，节流真的能增加财富。

2.从点滴做起

我们常说钱难赚，但是钱最好花，很多地方都要花钱，所以很多地方也都可以省钱，从点滴之处入手是省钱的根本。

很多人有这样一种观点，认为钱是从大的方面省下来的，一省就能省很多，小的地方再怎么省也是九牛一毛。所以在细节上大手大脚，认为无碍，小的钱就这样莫名其妙地从手上溜走了。千里之堤，溃于蚁穴，点点滴滴的细节才是最关键所在。

从点滴做起，就要善于统筹，善于计划，要有目的、有规划地省钱，不能盲目，否则省钱不成反赔钱。

从点滴做起，就要善于生活、懂得生活技巧，要知道什么事情应该怎么处理，怎样才能够处理得更完美。

从点滴做起，就要留心生活中的细节。点点滴滴皆学问，而懂得生活的人，对于细节是十分敏感的，他们懂得在细节中用心生活。

总之，有什么样的对待细节的态度，就有什么质量的生活，而只有能管理好自己生活中细节的人，才能管理好自己手里的金钱。

生活要注重细节，钱是一分一角的，生活是点点滴滴的，越是不起眼的地方，越是致命的地方，从细处着眼，从点滴做起，这样才有积累资本的可能。

3.“省”出来的奇迹

一个会省钱的人，可以在无形之中为自己增加一份收入。而这份增加的收入却可能带给你意想不到的惊喜，甚至是一个奇迹。

有一位美女舞蹈演员，挣了不少钱，当别人问到她的理财的方式时，她说：“每次演出得到的费用，我也不存银行，就是特别简单地用纸包好，放到我一个小小的皮箱里。我也不去花它，就那样放着。就这样一包一包，当有一天我的小皮箱都放不下它们了，我就把小皮箱给了我妈妈……”结果这么多钱把她妈妈也吓了一跳。

这位女演员的理财方式虽然“老土”，却很有效。使劲挣钱，又不花钱，财富的积累自然很快，到最后不得不说是一个意想不到又合乎常理的奇迹。

当然我们并不是说让大家都像这位女演员一样只是挣钱，而不花钱。我们是说，在生活中，时时刻刻想到省钱，并付诸行动，让省钱贯彻到生活的方方面面、点点滴滴中。因为你的努力，你所期望的财富奇迹就会到来。

二、调整心态、精打细算

老人们经常说一句话：吃不穷，穿不穷，算计不到才受穷。与钱打交道要有精明的头脑、良好的心态。花钱要明明白白，消费要清清醒醒，即使有钱也要精打细算、算计着花。

持家过日子，方方面面都需要钱，巧妙安排，精打细算，才能生活轻松，并能积累下财富。

1.不要在意别人的看法和说法

很多人平时大手大脚成为习惯，在别人的眼里始终是慷慨大方之人，现在猛然想要节省开支，一是自己很难接受，二是别人很难接受。还有一些人尤其是女人原本生活节俭，平时注意节约每一滴水、每一度电、每一样生活用品。有的人就会在一旁说三道四："这么想尽办法省钱，我看你是穷疯了吧！"或者说："你怎么活得像葛朗台一样，自己难为自己！"

如果你很在乎他人的看法和说法，你就会活得很累，即使你挣得再多，你也不可能会积累起财富，花得越来越多，金钱就这样从你身边慢慢溜走了。

对于这些言论，你大可不必在意，如果你在意，你可以告诉他们滴水成海，告诉他们节约美德，告诉他们环保、可持续发展。当然，你也可以什么都不说，毕竟生活是你自己的，你不必为他人而活着，只须为自己而活。

这样，你依然可以精打细算地过好自己的每一天，开开心心地省着自己的每一分钱。

2.不要为了面子花钱

很多女性受电视、电影、小说里奢华、浪漫的生活情调和方式的影响，非常希望自己拥有如此那般的生活和爱情，希望自己的爱人、男友为自己制造出其不意的浪漫氛围，玫瑰、红酒、钻戒……认为男人花的钱少，自己得到的爱就少。男人也是这样，为了在女人面前有面子，不惜一掷千金，只为博得美人一笑。

还有很多人请朋友吃饭，为了占足面子，常常只选贵的，根本就物不所值。

其实，浪漫的爱情也好，坚固的友情也罢，都不是用钱堆砌出来的，也不是所谓的面子问题，而是用心、用创意制造出来的。

一个聪明、有修养的女人不会注重形式，她更看重的是这个男人的内心想法和长远发展。一个肯为你两肋插刀的朋友，也不会在乎你的价格和排场。

因此，大可不必为了装点门面来大肆花钱，真正的面子在于自己的内心。

3.把钱花在刀刃上

比尔·盖茨在生活中遵循这样一句话："花钱如炒菜时放盐一样，要恰到好处。盐少了菜就会淡而无味，盐多了，苦咸难咽。"意思也就是说，把钱花在该花的地方，钱要花在刀刃上，从而把不该花的钱节省下来，或者用在该花的地方。

把钱花在刀刃上，有三层意思：该花的一定花，不该花的一定不花，可花可不花的尽量不花。这样才能节省日常开销。

把钱花在刀刃上，也要根据自己的实际情况而定，因为每个人花与不花的标准不同。但从根本上来说，都要抓住重点，抓住紧要的，量力而行，学会精打细算。

三、节省成"财"

钱不仅是赚出来的，也是省出来的。赚钱是工作，花钱是生活，而省钱却是一门艺术、一门学问。

1.节俭创造财富

辛尼加有一句名言：节俭本身就是一个大财源。爱默生也说："节俭是你生活中食用不完的美筵。"谁在平日节衣缩食，在穷困时就容易渡过难关；谁在富足时豪华奢侈，在穷困时就可能会死于饥寒。

有一篇关于财富的文章，讲到以280亿美元净资产，在2006年度《福

布斯》全球富豪榜上排名第4的瑞典宜家公司创始人——英格瓦·坎普拉德。

坎普拉德几十年来一直开着一辆旧车，乘飞机向来只坐经济舱。他经常在当地的宜家特价卖场淘便宜货，还会为买一条像样的围巾，吃一顿瑞典鱼子酱而心疼半天。在瑞士定居近30年，家中大部分家具都是便宜好用的宜家家具。"人们都说我小气，我不在乎大家这么说。相反，我很自豪。"坎普拉德在接受电视采访时如是说。

坎普拉德的宜家之所以能从当年瑞典农庄里的一间小铺，变成现在在30多个国家拥有202家连锁店的家居用品零售业巨头，正是"小气"节俭、精打细算的结晶。凡是做实业的企业家无不是从小打小闹起家，然后积少成多，聚沙成塔。

在整个的创业发展过程中，越是节约成本，越是可以让利于消费者。比如宜家家具"扁平封装"、让顾客自己回去组装的创意，本身就为顾客、为自己节省了高昂运费以及贮藏和销售空间。坎普拉德说："我们的想法是为所有人服务，包括穷人，我们必须降低成本。"

当然，这条创富之路充满艰辛，需要付出一代人甚至几代人的努力。今天的坎普拉德已经80岁高龄，其创业的历程几乎伴随了他的一生。也正因这样，即便富甲天下，坎普拉德依然能够节俭自守，甘之如饴。用咱们的话说，人家挣的也是血汗钱，花起来烫手。

富人们很节俭，因为他们中的大多数人都是通过这种方式变得富有的，他们懂得节俭会给自己带来什么回报。小康之家也很节俭，因为他们也是通过这种方式步入小康，开始走在通往财富的大道上的。穷人们也应该节俭，因为没有人喜欢陷入贫穷，而节俭的习惯却能在很短时间内令人惊讶地让大多数人摆脱贫穷。

真正节俭的人会生活得很好，会偿还他所有的债务，会慷慨地付出劳动，会让自己以及家人过上真正舒适和快乐的生活。

赚钱不是为了挥霍。不懂得节俭，财富就不会源源而来。

2.谨慎地生活和工作

花钱大手大脚的人表现出来的是虚弱，花钱谨慎严格的人表现出来的是强大。谨慎地生活和工作会减少不必要的开支，带给你意想不到的收获和财富。

股神巴菲特创造的财富奇迹已经人所共知。在他成功的背后，谨慎对待生活和工作的心态是十分重要的。巴菲特幼年的生活环境在一定程度上帮助他形成了谨慎的生活态度。

1930年，巴菲特出生在美国西部一个叫做奥马哈的小城。他出生的时候，正是家里最困难的几年。父亲因为投资股票血本无归，家里生活非常拮据，为了省下一点咖啡钱，母亲甚至不去参加她教堂朋友的聚会。在苦难的生活中，巴菲特作为家里唯一的男孩，显示出特有的谨慎。

在随母亲去教堂时，姐姐总是到处乱跑以至于走丢，而他总是老老实实地坐在母亲身边，用计算宗教作曲家们的生卒年打发时间。

创业之初巴菲特就保持着谨慎的态度。1956年他回到家乡，决定一试身手。不久亲朋们凑了10.5万美元，成立了巴菲特有限公司。在不到一年的时间内，他已拥有了五家合伙人公司。

当了老板的巴菲特竟然整天躲在奥马哈的家中埋头在资料堆里。他每天只做一项工作，就是寻找低于其内在价值的廉价小股票，然后将其买进，等待价格攀升。在1962年至1966年的五年中，他公司的业绩高出了道·琼斯工业指数20.47个百分点。

谨慎是巴菲特成功的重要经验。他的许多朋友是他的股东，正是巴菲特的谨慎为其赢得了亲友的信任，也为他赢得了滚滚而来的财富。

谨慎地生活和工作，才能活得快乐，才能活得体面和正直。

3.掌控欲望

我们的欲望并不是与生俱来的，而主要是来自所受的教育和养成的习惯。放纵欲望必然招致可悲的贫乏。而那些懂得掌控欲望、懂得节省的人，却迎来了财富和幸福。

谢尔盖·布林，全名谢尔盖·米克哈伊洛维奇·布林，是Google公司的创始人之一。目前，谢尔盖是Google技术部总监，个人身价据估计达

到141亿美元，这令他成为全球排名第26、美国排名第12的富翁。尽管如此，谢尔盖依然倡导有限度的富裕生活，依然保持着简朴的生活。据说他仍租住着一套两居室的房子，开一辆价值约2万美元的小轿车。他是懂得掌控自己欲望的典范。

物质的东西满足的是人们外在的欲望，社会的各种各样的物质加上每个人极大膨胀起来的欲望就是物欲。身处物欲横流的社会，每个人的内心都会受到考验的。如果不能掌控自己的欲望，就会被各种物质束缚。物欲会腐蚀人的内心，也会夺走你的财富。

有人说，今天的社会诱惑太多了。面对五花八门的外界诱惑，我们不得不举起双手投降。其实，诱惑不在外界，而在于自己的内心。所有的诱惑都来自我们的内心世界，这就是我们内心躁动不安的各种欲望。欲望的力量非常强大，总是想冲出内心世界的大门，到外界肆意而为。因此，我们必须要学会掌控内心的各种欲望。

如何才能掌控欲望？那就是理智。理智是我们内心世界大门的看门人，有了它，欲望就会老老实实呆在门里面，不会到外面惹是生非。朋友，记住：只有具备一颗理智的头脑，我们才能掌控内心的欲望。

4. 活在当下

不要沉迷于过去，也不要幻想未来，而要抓住当下。不要以为明天财富就会到来，要想获得财富，此刻就要开始行动。晚清名臣曾国藩说得好："未来不迎，当下不杂，既往不恋。"

活在当下是一种全身心地投入人生的生活方式。当你活在"当下"，而没有"过去"拖在你后面，也没有"未来"拉着你往前时，你全部的能量都集中在这一时刻，生命也因此具有一种强烈的张力。活在当下，以你全部的激情投入到这场省钱大作战之中。

活在当下，从此刻开始，为你的财富和幸福而奋斗。

第三节 省钱也要讲策略

省钱是一门学问，也要讲策略。当你具有省钱的意识，又学会了用科学的方法进行节省时，你的省钱战斗也就基本胜利了。省钱是你一生的功课，学会了省钱将会让你的财富滚滚而来。

一、节俭有道

过日子，不管是过贫穷的日子还是富有的日子，都是需要下一番工夫来打理的。懂得节俭地过日子，对财富的积累大有裨益。

1.目标要明确

不管有钱还是没钱，你都要明白省钱的重要性，要认识到自己之所以寅吃卯粮，是因为没有树立起节俭过日子的观念，没有适时消费、为以后的生活作准备的意识。一切都是走到哪儿看到哪儿，有一天的钱花一天的钱，甚至是今天花明天的钱，这种混乱的生活方式和态度决定了你的财务状况一团糟。

所以说培养起省钱的意识，清楚地认识节俭过日子的重要性，有明确的省钱目标是首当其冲的。

2.预算要做得早

每月工资一发下来，不能只是想到"花"掉它，而要有省钱和预算的意识。之所以许多人生活常感到左入右出、入不敷出，也就是因为你的消费是在前头，没有收支预算的观念，或是认为"先花了，剩下再说"，往往低估自己的消费欲及零零星星的日常开支。

懂得实行自我预算，养成节俭的习惯，才能省下来钱。

当你决定实施预算时，首先要做的就是搞清楚自己的财务究竟是一个什么状况，对已有的资产进行盘点，因为只有先认识清楚了自己目前的财务状况，才能做出切实可行的预算计划来。

同时，还要对自己的收入和支出情况作出分析，并且要分清楚哪些收

入是固定的，如工资等，哪些收入是非固定的；在分清收入的同时，还要分清支出情况，哪些是固定支出，哪些是不必要支出，哪些是意外支出等等。

盘点自己的财务状况，只是对过去和现状的一种分析。除此之外，还要对未来收支做一个预算，也就是一个计划，给自己花钱立个规范，这样花起钱来才心里有谱，也就是说要给自己建立一个收支预算表。

收支预算表，也就是我下个月大体会收入多少钱，我允许花掉多少钱，必须余下多少钱，其中花销的部分，哪些是必须得保证有钱供其花费的，哪些是必须限制花费额度的，当然还有一些意外的支出，也得给个估算。

例如，你每月出外吃饭的花费比购买食品的花费大，一旦你设定了实际的金额数值，就应利用它来采取切实的财务行动或者说规范自己的财务行为，达到自己积累的目标，所以你可以尽量减少外出的次数，买些食品自己做饭，不仅省了不少钱，而且还比较卫生和健康。

这样一预算之后，下个月大概就按照这个预算进行。下个月到了的时候，当你要花一些预算之外的钱的时候，这个预算表就会提醒你，这是不符合计划的超支，必须加以制止。

预算要趁早，省钱作战才会打得好。

3.行动要积极

行动永远是最重要的，否则一切都是空谈。过日子要过得节俭，要时时刻刻有省钱的意识，更要有省钱的行动。怀着一种积极的心态投入到这场省钱大作战中，你的钱就会越省越多，也会越省越快乐。

二、选择科学的消费方式

选择科学的消费方式，不仅会让生活质量大大提高，而且会在不知不觉中省下一大笔钱。何乐而不为呢？

1.照顾身体少生病

只有身体健康，人才会生活得如意，工作得有成效。如果身体有病，上一次医院动辄几十上百元。万一患上重大疾病，可能将你多年的积蓄一扫而光，甚至负债累累。

照顾好自己的身体少生病，是最科学的消费方式。

2．日用品小账也要算

平时的日常生活用品看似花不了多少钱，但其实长久下来，也是一笔不小的开支。所以购买日常用品这些小账也要勤算，要让每一分钱都花得物有所值。比如说多买打折商品、购物尽量选择熟悉的场所、对于大件的商品考虑分期付款、不要追求潮流和时尚、努力做到收支平衡。

3．不要带着情绪购物

很多人经常把购物作为情绪的发泄口，喜欢在情绪不好的时候逛街，结果买回来一堆没用的东西，后悔不已。所以一定不要在情绪不好的时候购物，这样的购物是科学消费的大忌。

4．成立消费同盟

找几个和你有同样消费倾向的朋友，形成消费同盟，大家共同分摊需要的开支。人越多，分摊的钱就越少。你们可以一群人去唱歌、泡吧、吃饭，既热闹又实惠。你也没必要置办全套的奢侈品，在需要出席晚宴的时候，你也可以和朋友们分享一个LV的皮包。

5．让AA制成为习惯

AA制消费方式是很科学的，既节省下了钱财，又不会滋生一些因钱产生的矛盾。大家一起出去玩，可别为了一时的面子慷慨地掏腰包，你大可请在座各位AA制，除非是你的生日聚会。

三、省钱消费小贴士

省下来的就是赚出来的。当你花得很少，又过得很好的时候，这样的省就是大赚，也是经营生活的大智慧。

怎样才能在处处都要消费的生活中，既要花得少，又要过上好日子呢？以下几个小贴士将会一一告诉你。

1. 计划消费

购物消费之前，先要有一个详细具体的计划，养成列清单的习惯，每天在促销降价商品目录上查找，寻找同一天里价格最便宜的商品。

2. 批发购买

家庭主妇们可以在本小区内联合起来，根据众人需要，轮流选一人集体去批发，这样既降低了大笔的开销费用，又节省了买东西的时间和精力。

3. 逆向消费

一般超市的熟食在临近打烊时都会打折促销，只要掌握时间，完全可以买到质量放心、物美价廉的商品。一些杂志、报纸、网站上会提供优惠券，这些折扣券少则10%多则50%的折扣，完全可以被我们利用。大型农贸市场的蔬菜常来自周边农村的自卖户，他们的菜新鲜廉价不说，每当收摊时，价格更是便宜得超乎你的想象。

4. 平民消费

对同样的商品，与其选择价格高得离谱的进口货，不如选择自家地盘上的国产商品。对于国内的品牌商品，牌子越响的越没有必要购买，因为价格里含有广告费用，水分较大，不如用较低的价格选购一些非品牌但质量好的商品，平民消费既省银子又得实惠。

5. 熟客购买

对于公司附近的饭馆，在尝试之后，选择便宜又美味的一家，长期消费。这些小饭馆为了招揽生意，对于熟客甚至还有免费汤和免费主食的优惠。

同上所述，服装、蔬菜、日常用品……这些都可以选择熟客消费，在获得优惠的同时，也体验到一份不一样的人情味。

四、避开浪费的雷区

在日常生活中，大多数的人都有这样的感觉：其实也没买什么东西，但是钱就是没有了。本书在此特地总结了人们在不知不觉中花钱的几种情况，告诫人们花钱一定要注意，避开浪费的雷区。

1.隐形上升的价格

我们时常会被广告中的便宜价格所吸引，但是当我们真正去购买的时候，却发现价格稍高一点，而我们也不愿意因为这些而放弃购买此种商品或服务，所以常常上当受骗。这种隐形上升的价格欺骗是可以避免的。

记住两个原则：鱼饵可以吃，但不要上钩；千万不要吃哑巴亏。

2.所谓的"生活必需品"

如今的快节奏生活让很多人认为：我们需要的生活必需品越来越多了。如果这样全套算下来，将是一笔极大的开支，所以你一定要切实明白到底什么才是生活必需品。

3.购物错觉

大多数女性会遇见这样一种情况：有时候你会很开心地以6折买下一件高档的晚礼服，穿上它感觉自己美丽得像电影明星。当我们存在这种购物错觉时，一定要考虑仔细，将来会不会有机会穿上它。

4."包月"雷区

手机费包月，网费包月，信用卡消费包月……如今的包月项目越来越多，让我们眼花缭乱。然而有的时候，包月的收费项目并不像我们想象的那样完美，所以在你放心大胆地开始消费之前，一定要详细地了解这个包月项目的所有涵盖内容，否则在你拿到账单的时候就会后悔莫及。

5."物超所值"

有时候你可能会为这样的广告语而心动：物超所值，100美元就可以全年享受瑜伽课程。几经考虑之后，你终于决定花这100美元，但在一年之内就来了两次。

6.零使用的会员资格

哈佛大学作过的一项调查显示，报名参加健身中心成为报名者不锻炼的最佳理由。报名者不但没有在跑步机上跑过步，每月还得多交30美元。

7.大量采购的雷区

去超市、市场大量采购商品是无可厚非的，因为这样可以省下一大笔

钱。但是千万不要因为便宜这点钱而故意去采购，要考虑好自己的实际需要，食品可是有保质期的。

8.网购的雷区

网购是有很多的优点，但是在网购时也一定要看仔细、查清楚、货比三家，再下决定。因为如果买到不合适的商品，你还要把这个商品送到邮局去退货，这也是一笔花费。

第四节　省钱总动员

一个炫耀财富的时代已经结束。面对呼啸而来的金融风暴，赖着不走的通货膨胀，我们不禁如此感慨。我们期待更聪明、更理性、更实惠的消费模式，而我们此次的省钱大作战就是要为您提供这样一种消费态度和生活方式，力图将省钱的理念进行到底。

省钱大作战，是一场长期的、坚韧的、充满智慧的战争。现在赚钱的新方法就是省钱！省钱，省钱，让我们全体总动员，一起来省钱。

一、吹响省钱集结号

省钱开始得越早越好，开始得越早，财富就会到来得越早。从现在开始，吹响你的省钱集结号，开始这场省钱大作战吧！

1．省钱，开始得越早越好

财富的差距是时间带来的，每一个想与财富结缘的人，迟早都要走上省钱之路，既然是迟早的事，何必不早一步呢？

吉利收购沃尔沃之后，有人预计，李书福的身家已经升到大陆富豪第25位，而当初他不过是一个以120元创业起家、在冰箱行业摸爬滚打、在海南地产热中摔过大跟头的年轻人。

他最早做生意，应该是1982年的照相生意。"当时就是父亲给了120元。"李书福说。那年，李书福19岁，高中毕业。李书福的照相生意做得不错，半年后有了1000元的资金，他正式开起了照相馆。

就是靠这最早节省下来的1000元，李书福才有了之后的照相馆、冰箱厂，才有了现在的吉利。

张爱玲有一句名言叫"出名要趁早"，在此借用一下，告诫亲爱的朋友们，省钱也要趁早啊！只要你想省钱，就立即开始计划，马上开始行动！省钱大作战，没有最早，只有更早。

不要说现在没有钱可以省，不要说你没有时间、没有经验……省钱真的没有那么麻烦。不要只是把省钱当作一个计划，尽快把它化为行动吧。

你可以想象一下：若干年后，你成了一个远近闻名的省钱理财高手，你的财富在你睡大觉的时候，在你度假的时候，都在一如既往地增长，你会不会在睡觉的时候都乐出声来呢？为了这一天，你也该行动了。

省钱，要趁早啊！马上开始这场省钱大作战吧！

2.有备无患，省下每一笔该省的钱

我们开始这场省钱大作战，就是为了让大家明明白白消费，捂住自己的钱袋子，省下每一笔该省下的钱，做到有备无患，防患于未然。

美国戴尔电脑公司经过20年的努力，从1000美元起家发展为年营业额达410多亿美元的全球性大企业。这个商业奇迹的创造者——戴尔电脑公司创始人迈克尔·戴尔，就是依靠最初节省的1000美元，做到了有备无患，从而达到了之后的巅峰。

该省的钱一定要省下，因为说不定在不久的将来，这笔被你省下的钱就可能会派上大用场，带给你意想不到的惊喜和财富。要做到有备无患，就一定要省下每一笔该省的钱。

3.准确定位，我有我的主张

省钱，开始得越早越好；省钱，定位得越早越好。在这场省钱大作战中，每个人在自己的心中都要有一个准确、明了的主张，有一个清晰的概念。这样才不至于水中观月、雾里看花，才会将省钱战争有计划、明确地进行下去。

被新加坡中华总商会评为亚太最具有潜力的女企业家的董思阳的创

富之路就体现了准确定位的重要性。董思阳很早就为自己定下了准确的位置——自己创业，成为优秀的企业家。一路走来，她从未忘记自己当初定下的位置。正是靠着这一份坚持和主张，才有了她今天的成功和财富。

准确的定位、具体的目标、清晰的主张，是我们开展这场省钱大作战所必须的，也是我们未来的财富之路所必备的。

4.智慧省钱，取之有道

省钱要讲究智慧，并不是一味地节衣缩食，损坏自己的健康。君子爱财，取之有道。省钱也要省得智慧，省得有方法。

姗姗是一家出版社的编辑，工作时间相对自由一些，且多在网上。自从姗姗在出版社工作之后，就有很多亲朋好友为了省钱，让姗姗帮他们买书。

姗姗从此发现了商机，就在网上开了一家书屋，从自己的出版社里，以极优惠的价格批发书籍，因为姗姗本身就从事出版业务，因而哪些书畅销、哪些书进价和卖价如何，她心中了如指掌。不久，姗姗就把书屋经营得有声有色，为自己赢得一笔不小的收入。

姗姗的故事就是一个智慧省钱的绝佳案例，从起初的省钱目的，变成之后的赚钱结果，并且赚钱也赚得取之有道。

二、珍惜每一分钱

珍惜每一分钱，你就会善待金钱，从而处处省钱。财富就会善待你，时时来到你的身边。

1.善待金钱

不要把钱仅仅当作购物的凭证，请把它看作是一个独立的人，一个有血有肉、有思想、有感情的人。因为钱的确跟人很像。你对钱不好，钱也不会对你好；你不尊重钱，钱就会给你点颜色看看，让你日子不好过；你不理钱，钱不理你；你善待钱，钱就会经常光顾你。

有一句名言说：和谐社会，先与钱和谐。与金钱和谐相处，善待金钱。不要把钱当成仇恨、痛苦的罪魁祸首。如果这样，钱就会逃之夭夭。

不要怕被别人说成"财迷"，喜欢钱，心里很想交钱这个朋友，又不敢讲出来。如果这样，钱就会与你产生隔阂。

金钱既可以让人上天堂，也可以让人下地狱。有钱人有有钱人的烦恼，没钱人也有没钱人的快乐。过分看重金钱，为之奔波劳苦，身心受到役使，又哪能体验到生活的乐趣呢？

金钱本无罪！有些人对金钱的本质进行了侮辱和损害，自身也留下了无尽的痛苦和悲哀。金钱本身并无善恶之别，而是取决于使用的人如何运用它。

虽然金钱不一定能买到幸福，但通往幸福的路必定绕不开金钱。

树立正确、科学的金钱观，善待金钱，金钱就会像朋友一样对待你、爱你。

2.处处留心皆财富

处处留心皆财富，在创造财富和节省财富的过程中，只要有敏锐的眼光和细腻的心，财富就会青睐你。

著名的"水饺皇后"臧健和的成功就很大程度上取决于处处留心的结果。

当年，臧健和只有一个小小的路边摊，她通过细心观察，注意到其他的路边摊都没有注重质量和卫生，于是她在自己的摊位选用上等的肉、菜和面粉，连洗碗布也是雪白雪白的。为了研制出更符合客人口味的饺子，她一遍遍地留心观察各个摊位和餐馆的优秀制作方法，并自己多加改进学习。

终于，"臧姑娘"的水饺好吃，人们一传十，十传百，"北京水饺"卖出了名气。各种大小媒体争相报道，慕名前来的顾客越来越多，有时为了吃上"北京水饺"要排一个半钟头的队才能买到。

臧健和因为自己的处处留心，终于迎来了属于自己的财富春天。

臧健和的成功，在于她的处处留心，善于发现身边的财富。一个小小的路边摊最终由于她的用心得以发展壮大。

对于大多数靠工薪来生活的普通人来说，要想致富，只能从小做起，

从个别人没有发现却被你发现的细微之处做起，从身边寻求财富机会。

生活中处处有致富的好机会，它们并没有躲藏起来，它们光明正大地摆在你的眼前，一切就看你有没有"心"，如果你是个细心的人，是不愁找不到财富机会的。

处处留心皆财富，这是一种应长存于心的意识，是一种善于发现机会的好习惯，就像每个人都要具有一双善于发现美的眼睛一样，这双眼睛也要善于发现财富。

三、坚持到底是胜利

省钱大作战，是一场持久战。那些害怕困难、半途而废的人，是不会尝到胜利果实的滋味的。只有那些勤奋努力、坚持到底的人，才会从这场战争中获得自己想要的财富。

1.坚持快乐地省钱

不要把省钱想得那么可怜、那么寒酸，省钱其实是一件快乐无比的事情。当你通过自己的省钱妙招得到物超所值的东西，当你通过一段时间的节省拥有了一笔不小数目的金钱，当你把自己省下来的钱，花在了该花的刀刃上，你就会发现，省钱是多么好的一件事情啊！多么地让人快乐啊！

所以，在这场省钱大作战中，一定要抱着一种积极的心态，自始至终以快乐的心情愉快地对待它，如此，就既省下了金钱，也得到了快乐。

2.时刻谨记要省钱

生活中，时时刻刻都要想着省钱，不论是大的方面，还是小的点滴。当你坐在公交车上，当你行走在超市里，当你漫无目的地在大街上闲逛时，当你交水电费时，当你在邮局寄送物品时，当你看着满柜的衣服时……你都要思考怎样省钱，是否能再省一点呢？

天将降大任于是人也，必先苦其心志，劳其筋骨，饿其体肤，空乏其身，行拂乱其所为，所以动心忍性，曾益其所不能。上天给你财富，一定会先考验你，磨炼你。

所以，时刻都要谨记，时刻都要有省钱的意识和行动，长此以往，金钱就会源源而来。

3.运用恒心的力量

做任何一件事，都需要恒心。只有拥有了恒心和毅力，事情才有成功的可能。有句话说得好：精诚所至，金石为开。省钱也是如此，开始兴致勃勃，渐渐丧失信心，虎头蛇尾，是不可能取得这场省钱大作战的胜利的，也是不可能会省下来钱的。而当你运用了恒心的力量，一切就都可能实现。恒心的力量是巨大的。

运用恒心的力量，用你的坚持和毅力取得这场省钱大作战的胜利。

4.相信自己，坚持到底，赢得胜利

万事坚持难，坚持需要恒久的努力、用心和智慧。万事也因坚持而精彩，一路的坚持，让过程变得美好，让结果充满欢乐。

相信自己的恒心和智慧，努力坚持，将省钱进行到底，就一定能赢得胜利。

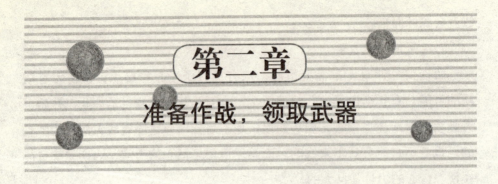

第二章
准备作战，领取武器

美国"抠门汉"马克·梅考夫由于家中装修，为了节省旅馆费，他索性来到当地宜家商场"安家"，换上睡衣，住在商场的展示床具上。他的省钱举动深受社会广泛关注。

他在做什么，难道疯了吗？当然没有。省钱无罪，方式多样！这是史上最牛的省钱方法之一。当然，中国民众大多没有他的勇气。那么我们要打赢这场攻坚战，该怎样准备呢？第一步就是领取武器！

第一节 武器一：计划表

省钱大作战，顾名思义，我们作为想要省钱的人就要和各种浪费行为作斗争。当然，如果要想胜利，就要做到有备无患，战略部署、武器补给都很重要。在这里要为大家隆重推荐我们的武器装备之一：计划表。

英国著名的理财专家西蒙·詹尼斯建议：每个人都应该熟悉自己的消费习惯，找出最易乱花钱的诱因，为下一次冲动购买准备好应对策略。比如刷卡前，问一问自己：这是必需品，还是奢侈品？选择能力范围内的商品，才不会负债累累。

根据詹尼斯先生的建议，我们可以确定，省钱计划是我们首先要做并且一定要做好的。

首先我们可以用心衡量自己所处的经济地位——这是制定一份合理的理财计划的基础。知道自己的收入情况、净资产、花销以及负债，是十分必要的。

只有清楚收入情况，才会知道自己目前的经济能力；只有清楚每年的净资产，才会掌握自己又朝目标前进了多少；只有清楚地知道花销的基本信息，才能制定预算，并以此合理安排钱财的使用。那么花销怎样，就要我们自己做出计划了。

一、年度计划表

新的一年，就要有新的计划。年度计划制定得好，整个这一年才会有一个很好的省钱开端，之后的月计划、周计划、日计划，才会有方向可循。年度计划要这样设定：

1.分析净资产

汇总你的经济信息，算出净资产，有无负债情况。使自己对未来一年有总体的概念。

2.未来一年收入情况

收入情况虽说有变动，但是不会太大。所以较之净资产，更为好算。

3.未来一年可以动用的资金额

净资产有多少，收入有多少，并不代表你就可以花多少。当然可以花多少并不代表一定要花多少。但我们要有总体的概念，才不至于超支、出现赤字。

4.未来一年花费总额预算

要将固定支出如：还房贷、父母养老金、出游等众多情况考虑清楚。大笔款项尽量都要考虑周全才行。

5.流动资金和预备方案

流动资金和预备方案是为了应对突发状况而设定的必要存在，一定不能忽略。否则如有需要应急的事件发生，就会出现在外借债的情形，相信大家都不想举债过日子。当然，有活期存款的人则不必顾虑这件事情。

年度计划表，是我们作战计划中必不可少的指导性核心思想，它是我们作战的基本方针。

二、月计划表

月计划表很重要，有很多人不重视，但是并不代表它没有用。因为大多数人都是月发工资，所以不论进项还是花费按照通常惯例都是月结。所以月计划表必不可少，其中可包括：

1.上月结余总额

月余额有很多用途，可以作为小款项存储起来，可以作为流动资金另立账户，也可以列入下个月可供花销资金总额中，也可单列出新的消费项目，如新添置家具、请客吃饭、外出游玩等等。

2. 本月计划收入

计划收入，即是预算上限。年度计划虽可由一年的花费总额计算出每月花费额度，但是和月计划收入还是有差距的。月计划收入更为具体和贴近实际。要把握好二者之间细微差别，以便随时作出调整。

3. 本月计划支出

支出项目有很多，包括：租房费用或房贷、伙食费、生活用品费用、交通费用、通信费用、交际费用、伙食和生活用品以外的购物费用、父母的生活费、孩子的生活学习费用，等等。根据个人具体情况的不同，有所不同。

这里的月计划大部分被包含在年度计划项目中，当然也会有新增的项目，再次要提醒大家好好把握年度流动资金的尺度。

月计划虽只是计划，但却能相应地遏制不少不必要的开支，要给予相当的重视。而且我们不能只想着启用流动资金，这也可以节制支出以应对意外状况的发生。

三、每周计划表

对于很多人来说，尤其对于习惯于每周结算的人来讲，周计划是不可以省略的，每周计划表是他们最常用的武器了。因为每周计划表是详细而系统的。

1. 上周余额

一般来讲，伙食费用可以将上周余额加到下周伙食费里，以提高饭菜营养。但是如在其他方面有结余，则要妥善处理。处理办法同月计划表制定办法1，相信聪明的读者是可以做好这件事情的。

2. 周计划支出

一周一计划，请不要怕麻烦。简单、清楚地列出我们一周所要支出的项目，可以让我们对未来的一周有掌控的满足感。细则同月计划表制作办法3。之后，你大可以放心地按照计划实施。这样，我们才会有计划、合理地节省我们的支出。

3.周末计划

对于一些人来说，周末确实是省钱的可怕天敌。每到周末都会超支。那么为了避免这种情况的发生，就产生了周末计划。

我们通常要把周末各项活动包括吃什么、做什么、做多久、出去到哪里、带多少钱、买什么东西等的尺度把握好。列张清单出来，按照计划走，就不会出错了。即使临时出现意外状况也好应对。

四、每日计划表

有的人认为日计划表过于细节化，是可以省略的，其实不然，日计划表是细节中的细节，显得格外重要。只有将日计划表制定完善，并付诸实施，此项武器才算运用得当，本次战争才有胜利的可能。

1.昨日余额

本计划是指对上一日的余额进行一个汇总，将此部分余额妥善处理，用于下一日支出，或是留作储蓄、处理突发状况，全在于读者自己。方法同月计划表制作方法1，但制作之中，项目会减少一些，处理起来也简便一些。

对昨日的余额，在自己的心中有一张基本的谱，对之后的钱财收入支出管理就会大有裨益，对日后的计划制定也好处多多。

2.本日计划支出

一周一计划，可能有的人就会觉得很麻烦，再制作一日一计划，大家可能更是觉得太复杂了吧！我亲爱的读者们，可不要嫌麻烦啊！这一日一计划，可是大有学问的。

以上的年计划、月计划、周计划，都是较大时间范围的支出计划，而本日计划支出则是将以上所有的计划付诸实施，是那些所有计划的具体体现。只有将这一日一计划运用成功，以上所有计划才算没有白白制定。

对本日的计划支出，列出详尽的计划表，将各种支出项目归纳其中，做到心中有谱，百战不殆。

3.明日计划支出

在制定出本日计划支出表的同时，也要对明日的计划支出有一个详细的界定，明天需要买什么东西？预计得花多少钱？还有没有其他可能的突然情况会用到钱？

在自己的心中、在所指定的计划表上，都要有一个详尽的展示，如此，才不至于入不敷出，财政红灯照亮你的前方。

人生要有规划，经济收入和日常财务支出也要制定一个适合自己实际情况的计划，这是最基本的省钱原则。

刚一开始运用计划表的时候，可能不大习惯，觉得麻烦、束手束脚，但只要你坚持一段时间，你就会发现它的好处，你会逐渐改变自己的消费习惯，量入为出，有备无患，你会省下一大笔以前怎么也不可能省下的钱。

第二节 武器二：记账簿

也许很多人都会觉得，记账是件既无聊又丢人的事情。立即抛弃这种念头！大声对自己说，记账是一件非常有意义、非常有个性的事情！记账能让人省下很多很多的钱！

为了打赢这场省钱之战，为了自己的财富梦想，记账是必不可少的。下面，就让我们来领取这件重量级的武器——记账簿。

一、记账的态度

开始记账之前，首先要有一个基本的正确的态度，这样才能保证之后的行动沿着良好的轨道发展下去。

1.有目标地记账

准备记账，首先要拟定一个明确可行的记账省钱目标。为了一个确切的目标记账，会让我们的记账活动进行得更有动力。

我们记账可以根据需要拟定一些自我满足的近期目标。比如说有一个女孩，她有一个要去旅游的心愿，她就把旅游所要的钱作为自己记账的目标。利用每一次完成的目标，增加自己坚持记账的动力。

但是拟定的目标一定要切实可行，最好是能够比自己能力所能达到的水平略低，比如，一个普通工薪阶层白领，他每月节约下来的钱大概有600元，而他的计划是买一款很潮的MP3，那么他就应该把月目标定为售价在500元左右的2G的SHUFFLE，而不是价格会高出600元的4G的SHUFFLE。

这样定目标，基本能够保证他节省下来的钱总能够超出目标一点点，给予他一种持续的成就感，更增加了他坚持记账的信心，也会让他省下越来越多的钱。

2.主动为主，监督为辅

我们记账不能只是因为他人的宣传，抱着一种试试看的态度来进行，而是要从心底认同这种省钱武器，发自内心地主动记账，为自己的财富记账。

生活中，时时刻刻养成主动记账的习惯，让记账成为一种生活规律。记账是为了提升自己对于金钱的控制力，最终得益的是自己，为自己省钱。

在主动记账的基础上，还应有一定的监督机制。懒惰是一种天性，一般在无压力没人鞭策的状态下，应该会有相当一部分人选择慵懒的无所事事。记账是比较繁琐的事情，要想坚持下去，必须要有一个有力的监督机制。

例如，家庭主妇之间、同事之间、朋友之间，一起记账，这样就可以实时监督，甚至来个省钱大比拼，这样就让记账变得有趣许多。如果没有成功拉动身边好友一起记账，也没有关系，可以通过资金监控进行自我监督。

另外，现在网上还有很多"账客论坛"、"记账社区"，提供了一个让大家晒账单、交流心得并获得舆论监督的记账平台。如果自我监督做不到，好友监督又不到位，借助舆论的力量不失为一个不错的选择。

3.拿出毅力，坚持到底

记账是一件繁琐的事情，如果半途而废，就不会达到省钱目的。而拥有毅力、坚持到底的人，才会真正尝到记账的好处。

美国著名的金融学家吉姆·罗杰斯就是一个有着很好的记账习惯并一直保持至今的人。

罗杰斯从不小看每一笔支出的记录，每次外出，他都会将每天的支出逐一记录。即便为"量子基金"赚满钵时，他依然保持着记账的好习惯。

罗杰斯的这种记账习惯一直坚持到现在，他几乎保存了所有的信用卡账单，并有详细的消费支出记录。

罗杰斯将记账坚持到底的毅力，对他之后的财富成功，起到了重要的作用。

亲爱的读者，拿出你的毅力，将记账坚持到底，你一定不会后悔！

二、记账的方法

怎样开始记账呢？首先我们要建立详细的记账目录，分门别类地记录每一笔花销，这是最基本也是最重要的一步。但是要记住：详细的记录只是良好的基础，重要的在于分析！

记账的方法有很多种，对于每一种记账方法，操作完毕之后，一定要记得实施分析，这样才能发现问题，逐步改进。

以下为亲爱的读者介绍几种记账的方法，读者可根据自己的需要进行选择，总有适合你的那一款。

1."三栏式"记账法

喜欢手工记账的读者可以找一个小本作为理财记账本，账簿采用收入、支出、结存的"三栏式"。方法上可将收、支发生额以流水账的形式按照时间逐笔记载，月末结算，年度总结。

这种记账方法容易操作，而且用小本记账可以随身携带，随时花销随时记账，就避免了记账遗漏。此外，账本随身带，花销即将发生时，翻翻账本，就可根据当月发生的消费额作出正确的消费选择。

　　但是"三栏式"记账法除了单一记录外，要坚持月末结算，定期书写记账日记，这样才能避免记账流于形式，在总结中掌握理财技巧。

　　2.分类信封记账法

　　也叫"多信封法"，它的具体操作就是，在每月拿到收入的时候，可以按照规划的花销预算将费用分到多个信封里，包括"储蓄信封"和衣、食、住、行、娱乐费用等信封。

　　每次支出在每个信封上记下消费项目、时间和数额，单项费用超支就需要从"储蓄信封"中透支一定数额放到超支的信封中，如果当月没有动用储蓄信封里的钱并完成了各项开销，则记账成功。

　　3.软件统计记账法

　　现在各种门类可供下载的记账软件有数百种，但大多数大同小异。这些记账软件使用起来十分方便，因为它一般都已经有事先设计好的记账模式，并且还能自动统计日常收支，做出现金流量表，分析你的财务状况。

　　你可以在软件上进行预算分类，记账软件还能够设定监督提醒功能，在你快超出预算时进行消费提醒。

　　4.网络账本记账法

　　如果你连记账软件都懒得下载又有条件经常上网的话，可以选择做账客，在网络上在线记账。它不仅拥有所有软件记账的优势，还能够提供给你类似论坛一样的账客交流平台。

　　你可以晒账本，让在同一网络账本记账的账客们对你进行监督，也可以和大家分享你的记账心得，或许你还能从账客那里获得打折消息呢。

　　我们运用这些方法记账的目的不仅仅是要记录总共花销了多少钱，更要从日常的花销中找出不合理的消费倾向，我们可以从记账的过程中直观地看出各个时期、各类消费在总额中所占的比例，并及时加以改进，省下该省的钱。

三、记账的结果

　　记账，有百利而无一害。有了记账的意识，并将它付诸实施，坚持到底，将会给你的一生带来财富和快乐。

1.收支清晰，明白钱的流向

小小记账簿在手，你就会时时都清楚，自己的收入都运用到哪些支出里去了，不会混混沌沌，一团乱麻。并清晰地知道自己钱财的流向，为之后的支出在心里作好打算。

刚工作没几年的小东记账是从去年开始的，因为觉得自己每个月的钱都好像所剩无几，之后又不知道花去哪了，所以觉得要记账。记账之后，小东的开支减少了三成，因为每天都会有总计数字的累加，看着清晰明了，所以花费也少了，而且也明了钱的流向。

不要再问"我的钱花哪儿去了啊"这样的话，不要再叹"唉！入不敷出的日子何时是个头啊"。从现在开始，马上拿起你的记账簿，开始记账吧！你的哀叹将成为历史。

2.时刻提醒节约，省下钱

记账之后，我们会发现，每天总计支出数字的累加，是一笔很大的数目，甚至是你难以想象的，看着都心寒。你从未想过自己一天会花掉这么多自己辛辛苦苦挣来的钱！

于是，我们的记账就产生结果了，你会时时刻刻翻看记账簿，提醒自己：不该花的一定不要花啊！该省的一定得省啊！

如此，我们就时刻想到节约，时刻都在省钱。

在一家外企工作的小麦保留着自己记录的每一笔账单，她认为这些账单记录了自己乱花钱的罪行，每次想要乱花钱时，看看账单就会影响她消费的愉快心情，她就会马上停止花钱。

记账这么多年，小麦对记账的好处如数家珍，而她认为其中最大的好处是能提醒自己节约，对省钱有极大的帮助。她认为如今的都市白领还是学会记账比较好，这样才会让自己羞涩的口袋越来越充实起来。

记账簿就像一个时时提醒你的智者，为你出谋划策，为你挡住伸向你口袋掏钱的那只手，为你省下每一分钱。

3.小小记账簿，让你欢喜让你有"财"

一个小小的记账簿，只要你运用得当，为你带来钱财的同时，也会为你带来惊喜，所谓让你欢喜让你有"财"。

刚入社会的小美，今年3月份被公司派往美国一家公司进行短期交流，公司所在地不在纽约，这让看美剧看出纽约情结的小美十分遗憾。小美很想借在美国交流的这段时间去纽约走一走，圆自己一个纽约梦。

但她也很清楚，家人已经为她来美国交流花费一大笔钱，小美不忍心再向父母开口要钱。于是，小美决定自己存钱去纽约，以此为目标的她从到美国的第一天就坚持记账。最终，她用自己头两个月从伙食费、购物金里一美分一美分省出来的花销，完成了一次为期一周的纽约行。

小美事先根据纽约游行程做了一个比较准确的预算，并通过咨询好友和预先订票尽力将旅费降到最低。计算出的旅费总额也就成了这次记账的目标，她再根据自己的省钱能限，把总额分摊到8周，每一周都有具体的并能确保执行的省钱数额。

考虑到自己经常上网，而电子记账软件又具有收支分析和实时预算提醒功能，小美选择了软件记账的方式。她还邀上和自己计划同游的同事一起记账省钱，相互监督，并制定了一个奖惩制度。

如果当周的省钱目标没有达到，就必须把纽约游的行程安排减少一个，而如果达到目标，就奖励自己一定数额的钱作为纽约购物基金。

就这样，8周下来，小美共节约了680美元，比事先预算的550美元旅费还有富余，于是小美和同事在顺利完成纽约七日游后还带回了不少血拼成果。

一个似乎不会实现的梦想，因为小美的一个小小记账簿，竟然神奇地变成了现实，竟然还神奇地节省下来一笔似乎不可能的钱财，小小记账簿，让你欢喜让你有"财"。

第三节 武器三：储蓄卡

在这场省钱大作战中，储蓄卡这种武器必不可少，非常重要。随着储蓄卡上数字的日益增多，我们的战争就越来越接近胜利。

储蓄卡让你存钱的梦想成为现实，让你省钱的愿望变成行动，让你一步一步看到财富向自己走来，让你真想放声高呼：储蓄卡，我爱你！

一、揭开储蓄卡的面纱

储蓄卡——人们通常称为借记卡。其主要作用是储蓄存款，持卡人利用银行建立的电子支付网络通过卡片所具有的磁条读入和人工密码输入，可实现刷卡消费、ATM提现、转账和各类缴费。

二、我的钱怎样存好

我国储蓄存款的种类有以下几种，读者们可以根据自己的实际情况，选择适合自己的存款方式。

1. 活期储蓄

活期储蓄存款是一种没有存取日期约束，随时可取，随时可存，也没有存取金额限制的一种储蓄。按其存取方式又可分为活期存折储蓄、活期支票储蓄、定活两便和牡丹灵通卡等。

活期存折储蓄存款由1元起存，是一种由储蓄机构发给存折，凭存折存取，开户后可以随时存取的一种储蓄方式。该种储蓄的优点是灵活方便，有利于个人安全保管现金，适用于大部分家庭和个人随时存取资金的需要，缺点是利息低。

活期存款按天算利息，然后每天累计，比如说你5月1日存了10000，就按这么多给你算10天的利息，从10号开始，再按5000给你算，到了某一天，你再取了2000，以后按3000给你算利息，有一天算一天，一年按照360天算。

比如，从5月1日到5月10日，利息=$10000 \times 0.36\% \times 10/360$

2.定期储蓄

定期储蓄主要是吸纳群众手头积存而又一时用不着花的结余款。定期储蓄存款分为整存整取、零存整取、存本取息、整存零取、大额存单、积零成整等六种。其具有金额比较大、利率比较高、存期比较长、存款比较稳定的特点。

（1）几种适合读者运用的定期储蓄存款种类。

①整存整取。是指约定存期，整笔存入，到期一次支取本息的一种储蓄。五十元起存，多存不限。存期分三个月、六个月、一年、二年、三年和五年。存款开户的手续与活期相同，只是银行给储户的取款凭证是存单。

另外，储户提前支取时必须提供身份证件，代他人支取的不仅要提供存款人的身份证件，还要提供代取人的身份证件。该储种只能进行一次部分提前支取。计息按存入时的约定利率计算，利随本清。

②零存整取。是指个人将属于其所有的人民币存入银行储蓄机构，每月固定存额，集零成整，约定存款期限，到期一次支取本息的一种定期储蓄。一般5元起存，多存不限。存期分为一年、三年、五年。

该储种利率低于整存整取定期存款，但高于活期储蓄，可使储户获得稍高的存款利息收入。可集零成整，具有计划性、约束性、积累性的功能。零存整取利率为同期定期存款利率的百分之六七十。

③存本取息。是指个人将属于其所有的人民币一次性存入较大的金额，分次支取利息，到期支取本金的一种定期储蓄。5000元起存，存期分为一年、三年、五年。

此种存款方式采用分期付息，客户可以获得较活期储蓄高的利息收入。储户凭有效身份证件办理开户，开户时由银行按本金和约定的存期计算出每期应向储户支付的利息数，签发存折，储户凭存折分期取息。

（2）定期储蓄如何确定存款期限

定期储蓄的钱该存多长时间呢？什么时候取出来呢？最高级别的省钱大作战狂人是这样说的——打死我也不取出来！初入此战的战士该怎么做

呢？以下三方面作为考虑。

①动用存款本金的时间。一般说来，在不考虑利率变动的情况下，较长时间基本不用考虑动用本金的存款。通常考虑选择一年以上的定期储蓄存款。因为不论何时，期限较长的储蓄品种，其利率总是高于期限较短的品种。

一笔同额的款子，连续存三个一年期与该笔存款一次存三年期相比，后者的收益高于前者。因此，同额存款连续存几个短期，其收益小于时间相当于这几个短期之和的长期定期存款的收益。

②利率水平及其变动趋势。近几年，我国银行存款利率变动比较频繁。这是利率作为一种货币政策的工具，在发挥其调节经济的作用。因此，在决定存款期限时，我们应考虑利率水平的变动情况。

在利率水平较高时，应该将一定时期内基本不动用的资金选择较长期限。这样当利率下调时，原先存入的长期定期储蓄存款仍按存入日的利率计算。

在利率水平较低时，一般不宜选择太长的期限。因为当利率上调时，同样是按存入日的利率计算。

③是否有其他应急资金来源。如果有其他应急资金来源，那么其余准备用于储蓄的资金，可选择长期限的定期存储。如果没有其他应急资金来源，则最好将可能需要急用的部分资金存入活期账户。

3.定活两便定额储蓄

此种储蓄是指不确定存款期限，利率随存期长短而变动的储蓄存款。只要储户存入5天后即可随时提取。适用于存期不定的家庭和个人。

4.个人通知存款储蓄

个人通知存款储蓄是指存入款项时，不约定存期，支取时需提前通知银行，约定支取存款日期和金额方能支取的一种存款品种。

人民币通知存款储蓄需一次性存入，支取可分一次或多次。不论实际存期多长，按存款人提前通知的期限长短划分为一天通知存款和七天通知存款两个品种，最低起存金额为5万元，最低支取金额为5万元。

存款利率高于活期储蓄利率。存期灵活，支取方便，能获得较高收益。适用于大额、存取较频繁的存款。

以上存款种类，适用于想要省钱和存钱的广大读者，拥有一张储蓄卡，你的金钱梦想就会在这张小小的卡中得以实现。

三、储蓄卡来帮你省钱

本书所叙述的储蓄卡最大的作用就是为你省钱，帮你存钱。如果你拥有一张储蓄卡，那么从现在开始存钱，即使只是10元人民币；如果你还没有一张储蓄卡，那么马上去办理一张，即刻存钱，不管你当时口袋有多少人民币。

拥有一张储蓄卡，不要只是把它当作一个摆设，时时记得问自己"今天，我存钱了吗"，或是"我的账户余额增加了多少"。这样不断地激励自己，启发自己，你就会节省越来越多的钱，存在你的储蓄卡中。

等到有一天，你不再问自己时，那时，你拥有的钱财可能连你自己都要大吃一惊。

美特斯·邦威的董事长周成建致富的窍门就在于他善于储蓄、善于累积资本。

1986年，刚满20岁的周成建只身从农村老家来到温州创业，从一名小裁缝做起，从那时起他就开始为自己储蓄创业资本，每挣一笔钱，周成建就把它存起来。

经过几年的含辛茹苦，周成建依靠这一分一分积累的钱，进入了当时温州著名的妙果寺，以"前店后厂"的形式进行独立经营，从采购、设计、缝制到销售，亲历亲为。

此时的周成建仍然没有忘记存钱，每次往自己的账户里多存一笔钱，他就感觉自己离财富更近了一步。直至今日，拥有了价值上百亿的美特斯·邦威的周成建，仍保持着储蓄的习惯。

可以说，当你决定开始储蓄的那一刻，你就离财富近了一大步。

四、聪明运用储蓄卡

对于想要省钱、存钱的我们，怎样用好储蓄卡，让它为我们服务，是至关重要的。只有将储蓄卡运用得当，我们拥有的钱财才会越来越多，否则，就是瞎忙一场。

用好储蓄卡，最重要的就是确定存款额。开始省钱了！就要开始存款了！怎样确定存款额呢？存多少呢？

那就要运用我们上面所说的两种武器了，将计划表和记账簿拿出来比较计算，用全部收入减去全部支出，将结余额全部存入储蓄卡中，记住：不要留下哪怕一分钱在自己手中！

说不定，这留下的一分钱就被我们忍不住给花了。如果存入后，遇到突发状况，可以再从储蓄卡中取出来，宁愿这样，也不要留在自己手中。

第四节 武器四：其他装备

以上三大武器如果运用得当，笔者以为此次省钱之战已基本取得胜利，以下为补充的战斗武器，若是好好加以利用，一定可以为此次战争的胜利锦上添花。

一、小小计算器随身带

计算器，随处可见，但很少有人将它带在身上，计算器带在身上好处多多，在任何你消费的时间里，都可以将计算器拿出来使用。

当你在菜市场买菜时，当你在超市购物时，当你在水果摊称水果时……你是否时时为算账而烦恼，是否东西卖回家后发现被宰，或是此次又花钱超支了？

如果是这样，那你就记得随时在口袋里装上一个计算器，为你算账，提醒你不要超支，帮你省钱。

二、妙用信用卡

妙用信用卡，就要把信用卡用成省钱理财的工具，而非仅仅是刷卡消费的工具。学会在生活中运用信用卡，为你节约资源，省下钱财。

1.理性消费

有了信用卡，的确为我们的生活增加了很多的便利之处，但万万不可刷卡成瘾，仿佛卡里的钱就不是钱，就不是自己辛辛苦苦挣来的。时时刻刻要懂得开源节流，理性消费。

抱着一种很理智、很懂得掌控自己的态度来使用信用卡，这样才能让信用卡依照你的意思为你服务，而不是你自己变成信用卡的奴隶。

2.透支技巧

（1）用足免息期

目前各商业银行信用卡的免息期在20天至50天之间，消费者在透支消费前应注意银行的账单日和还款日，计算好还款时间。

免息期是贷款日至还款日之间的时间。刷卡时间不同，免息期长短也不同。例如账单日为27日，在27日消费，只能享受最短20天的免息期，但在28日消费，就可以享受最长50天的免息期。

应注意账单日及还款时间要求，以免支付透支利息。国际卡一般有超过1个月的免息期，可按还款通知所规定的时间还款。

信用卡分期付款"免息不免费"，为了减轻透支后的还款压力，信用卡持卡人可以向银行申请分期付款免息，但是，持卡人在办理信用卡分期付款免息后，银行对于透支消费要收取一定比例的手续费。

例如，有的银行规定3个月免息期的手续费率为每月0.7%，6至12个月的手续费率为每月0.6%，1年合计手续费率为7.2%，差不多等于银行一年期贷款利率。有的银行按照付款总额比例来计算手续费，如12个月的还款期手续费为分期付款总额的2.5%左右。

（2）使用好贷记卡的循环额度

当你透支了一定数额的款项，而又无法在免息期内全部还清时，你可以先根据你所借的数额，缴付最低还款额，然后你又能够重新使用授信额度。

不过，透支部分要缴纳透支利息，以每天万分之五计息，看着是一个很小的数字，但累积起来也可能要比贷款的成本还要高，所以也请你合理使用你的透支权利。

（3）获取较高的授信额度

贷记卡的透支功能相当于信用消费贷款。授信额度的高低与持卡人的信用等级有关。但如果你想申请更高的授信额度，需提供有关的资产证明，如：房产证明、行驶证、本科以上的学历证明、高级职称证明、股票持有证明以及银行存款证明等。

这些可以帮助你提高一定的授信额度。值得注意的是，银行对工作稳定、学历较高的客户似乎比较偏爱，授信额度也相对偏高。

无法在免息期内还清透支款项，可先根据银行计算的最低还款额度还款，然后重新使用授信额度。透支部分要缴纳透支利息，故需合理使用，也可用其他卡类作为指定还款账户，到期时由银行自动扣还。

（4）再办一张借记卡划账

办了某一银行的信用卡后，最好也用它的借记卡，然后通过和银行签约，要求他们为你自动在借记卡和信用卡间划款，这样就完全不必为透支担心。当然你也可以通过电话银行自己来完成转账还款。

3.消费误区

（1）免费卡"不办白不办"

银行业内人士说，信用卡与借记卡的一个明显区别是，银行是否可以直接在卡内扣款。如果卡内没有余额，就算作透支消费。免息期一过，这笔钱就会按约18%的年利率"利滚利"计息。如果一直不交，就被视作恶意欠款，严重的还会构成诈骗罪，引起刑事诉讼。

（2）使用双币信用卡便于用人民币还外币

现在双币信用卡比较流行，一些消费者看中的就是"外币消费，人民币还款"的便利。其实，这种便利不像消费者想象的那么简单。

有的银行只接受柜台购汇，持卡人必须到银行网点现场办理购汇，然后打入账户还款；有的银行提供电话购汇业务，即先存入足额的人民币，然后打电话通知银行办理。但是，持卡人如果到期忘记通知，即使卡内有足额人民币，也不能用来还外币的透支额。

（3）像借记卡一样提现

信用卡与借记卡的一个重要区别是，信用卡取现要缴纳高额手续费。而且，各家银行还规定，取现的资金从当天或者第二天起，就开始按每天万分之五的利率"利滚利"计息，不能享受消费的免息期待遇。

（4）提前还款 很保险

一些消费者嫌每月还款麻烦，就索性提前打入一笔大额款项，让银行慢慢扣款。但是，银行业内人士提醒，存入信用卡里的钱是不计利息的，等于你给银行一大笔"无息贷款"，这与信用卡的功能正好背道而驰。

此外，打入信用卡里的钱，进去容易出来"难"，因为银行规定，从信用卡里取现金，无论是否属于透支额度，都要支付取现手续费。

三、运用网络好处多多

网络这个武器，是一个利器，运用得好，可以让你获得许多意外的惊喜和好处，省下不小的钱财。

1.网上购物更省钱

如今的互联网蓬勃发展，也为我们这些想省钱的人开辟出一块购物省钱的乐土。淘宝、易趣……各大网站应有尽有，服装、化妆品、书籍……各种商品琳琅满目。

在网上购物因为减少了很多经销渠道，所以都比商场、超市便宜很多。

小婉是个典型的白领一族，也是个网购白骨精一级的人物，平日里，她在商场看到喜欢的服装和化妆品后，就用手机记下货号，然后去网上购买，往往能便宜30%。

购买书籍、CD、IT产品之类的，更是选择网上购物，用她自己的话说，就是"又便宜，又不用我自己拿回家，送货还快"。

善于利用互联网资源，进行网络购物，真的能为你省下不少的购物开支。

2.养成网络比较习惯

网上购物要货比百家。在实体店买东西会货比三家，在网上购物可以货比百家。在网上一旦碰到喜欢的，不要急于购买，把相关商品列表按照类别、地域、价格、品牌等条件限定分类，按高低价格顺序来选择。

同样价格的前提下，选择邮费低级别高的店铺。由于一般邮费都是买家出，如果一次购买多件商品而又不超重，只算一个邮费，这样就比较划算。

想买物美价廉的东西，就要多动动嘴皮子，一般信誉度中等的卖家都是掌柜本人在线，比较好说话，混熟了，打折送礼之类的自然是少不了。

3.二手小店多逛逛

为了节省钱，就要压缩成本，没必要什么东西都买新的。如果不是主要生活用品，可以在网上淘一些二手的。

此外，家里还有什么闲置物品也可以拿到二手网店进行拍卖，不但可以积累钱财，还可以给家里腾出很多地方。

4.分享VIP卡号

使用VIP卡省钱，可以节省10%的钱财。如果想要得到VIP卡号，必须是店铺搞活动或是你的购买量很大，所以一个人想要自己得到VIP卡号是很不划算的。

然而这些卡号却是可以分享共用的，你可以在网上找一些分享卡号的帖子，就能找到许多的卡号。

5.志愿充当试用者

一些网店在推出新品时会推出试用装，并在网上寻找试用者，利用该方法省钱的人士被称为试客，常见于化妆品、食品等。如果你愿意，可以在一些品牌的官网、试用网等找到相关信息。

小南在去年的9月份看了一本生活杂志，第一次认识了免费试用这种

活动，在网上搜索了一番，看了好几个免费试用的网站，最后被试用网所吸引，当时她还不知道别的版面，只是在主页逛，看到自己感兴趣的就去申请，第一次通过的竟然是京润珍珠的试用。

如此，小南没费吹灰之力，就免费使用了京润珍珠的产品。

尝到了甜头的小南一头栽了进去，成了一名名副其实的"试客"。每次她都积极参加，虽然有时候也没得奖，但总有好几次得奖的时候，那时小南就觉得自己真是大赚了。

试客付出的只是运气，得到的却是大赚啊！

6.巧用网络折扣券

网购族有一条血拼秘籍，那就是消费前先上网抠券。折扣券是网上购物的法宝，如KFC、百货店、美容健身……应有尽有。

7.寻找源头，誓要买到出厂价

细心的人会发现，在所有的网上交易中，韩妆、手机、女装的销售量名列前茅，卖家也最为众多。查看这些店铺会发现，卖家多来自不同地区。

他们都是所谓的"代销"店。而多多了解一下，找出货品的最大集散地，直接从货源地购买，就有可能会买到出厂价，为你省下不少钱哟。

第三章
坚定作战意志

正所谓，省钱之路漫漫其修远兮，吾将上下而求索。只有坚定了作战意志，省钱行动才能展现出积极向上的风貌，我们的战斗才会一路向前，我们的军队才会所向披靡，我们才能赢得最后的胜利。坚定作战意志，我们就要从各个方面着手，将我们坚定的意志贯穿到各个角落。

从现在开始，不管前方的诱惑有多大，不论之后的战斗有多么辛苦，在生活的各个领域坚定作战意志，千磨万击还坚劲，任尔东西南北风，唯有如此，才能省得钱财，笑到最后。

第一节 省钱从家居做起

居家过日子，繁琐而细微。如何才能在家居生活中，坚定省钱的意志，做到处处省钱呢？其实只要坚定以下几样意志，该出手时就出手，钱就会被你轻而易举地省下来。

省钱真的并不难，尤其在日常的家居生活中，只要你时时注意省钱，并一直坚持下来，就一定能省钱成功。

一、节能意志是首要

坚定省钱意志，第一步就是要懂得时刻节能，节能看似很小的一件事，其实可以省下很多的钱。越来越多的人，想要掌握实用的居家节能小窍门。以下为日常生活中的一些节能窍门，大家可以试用看看。

节水：厨房安装节水龙头和流量控制阀门，这样就能根据住房的自来水压力，合理控制水流，达到节约用水的目的。卫生间采用节水马桶和节水洗浴器具；淋浴和用水量少的浴缸一起使用，做到一水多用，起到更节水的效果；缩短热水器与出水口的距离，对热水管道进行保温处理。

节电：首先要选择节能电器和节能型灯具，虽然售价贵，但如果质量过关的话，长期算下来仍旧是省钱的。

如，选择能调节灯光使用状态的灯具；安装分时电表；十点以后开空调、熨衣服、启动洗衣机；使用保温电热水器每晚10点后烧水，可保温24小时，确保次日清晨有热水使用，电费还能节约一半。

另外，在设计照明时，最好是可以分组控制的。比如一盏灯上有9个灯头，最好分成3组控制。通过开关，可以选择一次是开3盏灯、6盏灯或是9盏灯。这样就能更有效地省电了。

（1）空调节能窍门：

①每调高1摄氏度，空调机最低每天可节电0.5千瓦时，夏季空调温度每天设定在摄氏26～28度，可以节省不少电费。

②夏季采用窗帘遮阳可降低室内温度，空调与低速运转电风扇配合使用，能节电。

③空调室外机安装雨篷会影响散热，增加电耗。

④空调机使用期间，每月至少清洗一次室内机过滤网；定期请专业人员清洗室内和室外机的换热翅片，此举可以大大节省空调用电量。

（2）电冰箱节能窍门：

①根据季节，夏天调高电冰箱温控档，冬天再调低，及时清除电冰箱结霜。电冰箱周围留有足够的通风空间，远离热源，避免阳光直射。

②减少电冰箱开门次数和开门时间。

③食品应冷却至室温后再放进电冰箱。水果、蔬菜洗净沥干后，用塑料袋包好再放入冰箱。

④为避免电冰箱压缩机增加启动次数或运行时间，存放食物容积不超过80%为宜。

（3）洗衣机节能窍门：

衣物集中洗涤，洗涤前将脏衣物浸泡约20分钟；少量小件衣物尽可能手洗；选用优质低泡洗衣粉，减少漂洗次数；按衣物的种类、质地和重量设定水位，按脏污程度设定洗涤时间和漂洗次数，既省电又节水。

（4）电风扇节能窍门：

电风扇的耗电量与转速成正比，最快档与最慢档的耗电量相差约40%，多用中、慢档转速的和风或微风。功率大的电风扇，耗电多；尽可能选择小功率的电风扇。

（5）电饭锅节能窍门：

使用电饭锅煮饭时，把米淘洗后浸泡10分钟后再煮，可以省电；电饭煲煮同量的米饭，700瓦的电饭煲比500瓦的电饭煲更省时省电。

在日常的家居生活中，做到有效节能，时时注意提醒自己，坚持下

来，这样，细水长流，节约下来的钱是非常可观的。

二、动手意志要坚定

自己动手，万事不愁。生活中有些东西不需要刻意的追求，居家自己动手，就完全可以做到。而如果你坚定了动手的意志，不仅会带给你生活的惊喜，更带给你省下钱财的快乐。

对于无污染绿色环保蔬菜，是每个主妇都渴望为自家餐桌准备的，但昂贵的价格，却使一些主妇望而却步。其实，只要稍微花点功夫，自己在家动手种植，就完全可以做到既少花钱又能吃到绿色环保蔬菜。

清明前后点瓜种豆时节，收拾一些不用的盆盆罐罐，到郊外找点土，到花鸟市场买点花肥，随意在上面播撒一些小青菜、菠菜的种子，放置在阳台的角落，如此过个十天半个月，就可以享受收获绿色蔬菜的喜悦了。

有心的主妇还可以将自家的阳台干脆改成一个微型的蔬菜景观大棚，种上微型品种的黄瓜、西红柿、南瓜等蔬菜瓜果，闲暇时候，既舒展了筋骨，又保证了自家的蔬菜供应，省钱不说，自己辛勤播种收获的菜，吃起来还别有风味。

类似的还有，自己动手酿酒（酿酒具体操作步骤参考网上有关介绍）、腌制泡菜，自己动手炒菜做饭、打扫卫生，自己动手改衣服、打毛衣、绣十字绣装饰房间等等。其实，只要留心，居家处处可以选择通过自己动手来享受节俭的美妙。

动手能力强的朋友们还可以自己做电话机套、空调套，自己刷墙（前提是够得着的话），自己做灯具。目前很多城市的小商品市场还专门有卖家居用品的半成品，有兴趣的读者也可以去买些来试试DIY。

三、团购意志不能忘

团购，可以借用日益发达的网络为主要平台，使互不相识的个体消费者联合成一个具有共同利益的团队，或者是在居住的小区周围形成主妇联盟，充分发挥集体的力量，集体与商家议价、维权，省钱、省心、省时，

是一个居家省钱的好办法。

　　坚持团购，天长日久，好处多多，省钱多多。

　　大到购房、购车、采购装修材料、按揭保险、出游等大笔支出，小到居家所需的家用电器、柴米油盐，都能采取团购的方式。

　　团购的第一大好处：省钱更省钱。

　　团购使零星分散购买变成大批量集中购买，实质相当于批发商，因而能以批发价格从厂家直接提货，省却了许多中间环节的费用。如此，购买同样质量的产品，能够享受更低的价格和更优质的服务。团购价格绝对低于同类产品的市场最低零售价，让你轻轻松松就省了一大笔钱。

　　团购的第二大好处：省时、省心=省钱。

　　团购组织者和其他购买者对团购产品都有自己的体验和了解，彼此交流可以更详细、更全面、更客观地了解产品，产品的质量和服务也能得到最大限度的保障，从而买到质量好价格优的产品，最大限度地节省了金钱和时间成本。另外，一旦出现质量和售后服务问题，集体维权也更有利于问题的解决。

　　团体购买产品的方式非常重要，读者们一定要引起高度重视。

　　团购可以通过两种方式实现，一是参加团购，二是组织团购。现在网络上有许多团购网站提供此类需求空间，登录注册后，选择自己的所需直接参与其中就可以了，也可以在本地区的社区网络自己发起组织。

　　另外，团购时一定要注意，最关键的是要找对发起人，找错人会带来很多麻烦，因而一定要熟悉了解团购组织者，最好是通过熟人朋友介绍的，或者是有一定知名度的团购。

　　因为网购看不到实样，有些甚至连图片都没有，所以想要团购，事先一定要做足准备工作，尽量多了解一点相关产品信息，价格是不是最低主妇们不必太过苛求，关键是产品要有品质的保证，合理的价格，良好的售后服务。

　　总之，人多力量大，团购无论如何，都要比自己零星购买价格便宜得多，总会为自己省下很多钱。

四、家用品预定早打算

当物价指数持续高涨阶段，许多商品不停地涨价，总会让善于持家的主妇们眉头紧锁，尤其是家中正在装修或准备装修的主妇。既要购买许多商品又想节省费用，如何能在涨价之后买到涨价之前的商品呢？不妨试试商品提前预订。

如果某些商品在未来的一段时间预期会涨价，而你又确定自己在短时间内，一定会消费这些商品，那你完全可以先照着现在的价格把商品预先买下，暂时存放在商家。如此，待用的时候便可以随时提货了。

这种方式特别适合未来预期购买商品的家庭，如准备结婚的家庭、准备装修的家庭。婚宴酒席、家用电器、装修材料，都可以在预期涨价之前提前购买。一旦涨价，即使到期不用，也能轻松转让，或许还能从中赚取一部分差价。

所以，在物价有持续不断上涨趋势的情况下，提前预订不失为省钱稳妥的一种理财妙招。但有一点要说明，商家免费存放是有时间限制的，时间多则半年，过期则要收取一定的仓储费用，因而存储时间一定要把握好。

早预定，早打算，既不会让你措手不及，还能为你省下钱财。

五、二手家居也快乐

开始使用二手物品，标志着现代都市人们的消费理念正日益趋于成熟，越来越学会在节俭中享受生活的乐趣。

想租借到可心的物品，其实并不难，朋友们只要在专门提供出租物品平台的网站"租租网"上登录注册，就可以寻觅自己需要租用的物品了，选定后交付一定押金，再付少许租金就可以拥有心仪的物品。租品的范围可包括各类家居等实用物品！

不仅在网上可以租到二手物品，网下也有许多类似的出租店铺，朋友们完全可以依据自己的生活需要选择租用。

例如，孩子小的时候成长很快，所需用的童车、童床、学生桌椅板凳，时间不长，就会发现已不再适合孩子了，而对于玩具、图书等物品，多数孩子往往也只是在较短的时间内使用，时间一长，就弃置一旁，不再感兴趣了。

与其花费好价钱买一些只在短期内用的物品，倒不如办个租借卡，随用随租，既省了大笔的开支又能根据孩子的所需尽情选用，不用的时候还不用担心占用家里的地方，何乐而不为。对年轻的妈妈来说，二手物品可是不错的选择！

不仅如此，二手物品更适合初入职场，囊中羞涩的年轻一族，想要花费最少的钱，把自己打扮得漂漂亮亮，住得舒舒服服，以自己喜欢的方式优雅地生活着，二手家居物品是不错的选择！

在家居生活中，坚定省钱意志，时时想到做到，就一定会有长风破浪、赢得财富的那一天。

第二节 购物事小学问大

购物是生活中所必须的，不知不觉地，很多人发现自己就变成了购物狂，白花花地银子就从一间间的超市里、一个个的商场里、一件件的衣服里，消失了。购物在我们的生活中太平常了，只有意志坚定的人才会从这小小的购物中，省下别人省不下的金钱。

购物看似事小，其实其中蕴藏着极大的学问，懂得这门学问、意志坚定的人，才会从这简简单单的购物中赢得极大的收获，省下不少的钱财。

一、冲动消费要抑制

冲动消费是造成我们省不下来钱的一个重要因素。要想节省钱财，就要抑制冲动消费。可冲动是魔鬼，怎样才能抑制冲动消费呢？

1.一定要坚持记账

对每个月的消费情况有所掌握，对自己的收入、支出、剩余有一个详

细的账目，每月月终检查自己是否存在冲动消费的情况，杜绝不合理的过度消费。

2.合理的预算

每个月对自己的财务状况做个预算，目的是为了让你对自己的金钱做合理的分配，用以改变自己的生活态度和方式，抑制冲动消费。

3.制定一个约束计划

计划是奠定在自我约束的基础之上的。我们每个人从学童时代就会给自己定计划，但很少能够真正按照计划去做，其中除去计划不实际外，更多的是没有对自己加以约束，没有约束的计划只不过是废纸一张。

现实生活中诱惑实在太多了，没有坚定意志的人是不可能抑制住自己的消费冲动的，而制定了一个消费计划，在消费时，我们就会考虑自己到底需要不需要，如果不需要，就一定不要买。

制定一个消费约束计划，可以有很多方法，例如，我们可以制定一个消费清单，消费之前想一想，家里还缺什么，还需要什么东西，列出这样一个清单，然后有针对性地购物，这样就能最大限度地抑制消费冲动。

日常生活中的计划是将必需品除去后所需要的东西的罗列。在做计划时重要的是要让自己明白需要什么。这个星期的需要、这个月的需要、半年的需要、全年的需要，只有自己切实了解自身的需要，才能做到"量入而出"，也才能对消费有轻重缓急的把握。

所以，在约束的基础上计划消费才能避免经常的"冲动消费"。

4.只带够你要买的东西的钱

不要带着你的信用卡或者多余的现金，仅仅带够你正准备去买的东西的钱。如果你手中有钱或者钱包里有信用卡，你会比身上没带钱或信用卡时更容易买东西。买东西的时候，刷卡和付现金感觉是完全不同的，刷卡的时候感觉像是没掏钱，就把这东西白拿回家一样。

所以千万别在身上带多的钱财，更不要带卡，只要你刷了，只要你花了，就再也回不来了，你就又犯了一次冲动的错误。

如果你太喜欢逛街，无法自拔，那么每次出去之前，想好买多少东西，带多少钱，若是想不到要买的东西，就只带车费就够了。如果这样，看到自己想要的东西，就不会冲动买下来，只有回去取钱，在取钱的过程中，说不定就遏制住了这个冲动了，就减少了不必要的开支。

5.对商品设立"等待期"

对于任何非必要的商品建立一个"等待期"，在作出购买决定之前走出商店，回家睡一觉。如果第二天仍然认为这东西值得买，再去买下它。

李清夫妇从市郊搬到市中心后，每天就没有地方散步锻炼了，两人经过左思右想后，决定购买一台跑步机，虽说价格不菲，但与健身俱乐部的年卡相比，他们还是觉得很划算，毕竟这个是一劳永逸的长期投资。

刚买回来时，夫妻俩经常抢跑步机，但不到一个月，两人就不抢了，他们的跑步兴趣荡然无存。现在他们两人回家都懒得看跑步机一眼。

每个人都偶尔会购回大量闲置物品，每家肯定都会有买来不久就丢弃的东西，这些都说明，购买者买回的东西不是他们真正需要的。那么多的没用东西被买回家，都是由于不良的购物习惯在作祟。要改变这个不良习惯，就要对商品设立一个等待期。

对于想买的东西，先等几天，之后可能就变得没有兴趣了，就不会冲动消费了。

6.坚持下来

把上面的步骤坚持下来，或许一次两次不能改变什么，但长期坚持后，你的冲动消费的坏毛病就会改掉不少，就会养成科学消费的习惯，就会省下不小的资金。抑制消费冲动，需要的是坚持，是意志。

二、购买特价商品须慎重

无论是在大商场还是超市里，经常看到很多人聚在一起选购，不用问，肯定是在买特价的商品。有时候，特价的商品的确在价格上便宜，质量上又没有问题，买特价商品是一种精明消费、节省开支的好方法。但是，也要特别注意，购买特价商品时，不要只是单纯被价格表象所迷惑，必须要慎重考虑。

1.商场惯用的促销手段

（1）抽奖——天上掉下馅饼

从某种角度来说，抽奖这类活动在所有促销形式中最为刺激，毕竟在中奖之前谁也不知道您能得到什么。不过聪明的买家却从不会为这馅饼心动。

厂商对于抽奖总是乐此不疲。毕竟相比送礼、降价而言抽奖的投入要小很多，而且巨额大奖的诱惑，往往可以极速聚拢人气，对于品牌宣传效果不错。如果抽中大奖，真能便宜数百乃至数千元也是好事。不过能中大奖的人毕竟不多，如果您因为想得奖品而买产品，那就太没有必要了。当然在购买产品的时候如果有抽奖活动也别错过，听说不少中奖者都是商家再三提醒才去刮奖的。

另外，有些抽奖活动存在不光明的一面，有暗箱操作的情况。

（2）送礼——要不要随你

送礼在市场中可谓相当多见，礼品不但有电脑卖场中常见的鼠标、键盘、音箱等小件产品，而且诸如洗衣机、冰箱、自行车、洗发水等日用产品也经常见到，还有，玩偶、手表等产品，如果把暑期的送礼全收集到一起几乎可以开百货公司了。

多样的送礼活动的确为市场添色不少，不过这些礼品很多都是用户拿不到的。并不是厂商舍不得那几个小钱，而是被个别经销商私自克扣了。毕竟用户不能时时关注市场，不可能对送礼了解得一清二楚。

即便商家都能把礼品送到用户手中，对于送礼的促销形式，不少朋友也并不认同。很多的礼品对于消费者并不适合，为什么不直接降价呢？购买礼品商家需要花钱，降价也等于花钱，为什么厂商还要选择用户不太感兴趣的送礼呢？

对于消费者，我们认为，如果您认为礼品值得，自然可以出手；更多的时候我们建议等待，过一段时间后，这种变相降价必定会变成直接的降价，不妨那时再购买也不迟。

（3）套装——醉翁之意

套装和送礼的不同在于，前者所包含的产品可能都是同类型的，比如主板显卡套装、CPU主板套装等；而后者就可以天马行空了，主板可以送电冰箱，显卡可以送羊毛衫……

从用户的购买角度来看，捆绑销售往往有不少局限性。如此促销虽然能带来一定的价格诱惑，但也给用户在DIY方面带来一定的限制。毕竟套装中的产品可能只有一个是大家想要的。

与上几种促销形式一样，市场中的套装销售形式也分几种。或许有朋友会说，套装不就是两款产品一起卖的售价低于零售价总和吗？从表面上看的确如此，套装往往给用户带来3+3＝5的意味。不过如果您这么想，那么有时候买到的产品就不一定是最适合的了。当然大多数时候套装的优惠都比单独购买来得实在。

对于一款产品来说，其价格不可能是一成不变的。其中有升也有降，而这两种价格变动都可以通过套装来消化。成本涨了，厂商可以采购一些贴牌生产的价格很便宜的产品，然后以市场价格的名义组成套装，掩盖产品涨价之实。

而成本降了，厂商又不愿意让利太多，也可以推出套装，表面上"便宜"了XX元（比如一个鼠标的价钱），但实际上这个鼠标值多少钱，就很难说了。厂商最容易拿到的贴牌产品是散热器、鼠标、键盘、闪盘等产品。

如此广度、大幅的套装优惠，不可能是每个厂商都愿意付出。那么造成这种状况的原因只有一个，那就是商品本身的价格有所下调。

综合一下，对于套装的购买大家在选购之前，一定要看看其他品牌是否也有同样的动作。如果市场中出现了非常广泛的同品种套装优惠，那么很可能预示着其中这种产品本身的价格将会有所下调。对此，大家不要心急，等待一下。

（4）换新——老产品获得重生

对于电脑用户来说，或多或少都会有些旧件。而且即便是刚刚买到的最主流产品，也肯定会成为性能落伍的旧件，没办法，电子产品就是这

样。不过大多数朋友对于这些产品，往往难于割舍。尤其是DIY玩家，这些产品往往是自己曾经梦寐多时的精品。

面对众多这样的情况，不少厂商就推出了以旧换新的活动。其实这种活动在家电市场中早已司空见惯了，老产品折合钱换新产品。对于以旧换新，我们消费者应该给予足够的重视。虽然换新的产品往往是目前最前端的产品，而且还使得您的旧件有了发挥余热的空间。但是具体换什么，能折合多少钱去换，也直接关系到换购的实惠程度，关系到我们的钱袋子，所以不要被新产品冲昏了头，随随便便就换了。

面对市场中众多的促销活动，对于消费者来说，冷静地看待还是十分必要的。或许观望一阵之后您会发现，很多促销不过是变相降价。而在商家之间的激烈竞争之后，市场中会出现更多值得关注的产品。促销固然可以带来实惠，但如何利用好促销才是最重要的。

2. 买打折商品也要货比三家

虽然现在打折的商品很多，但是并不意味着只要买打折的商品就能省钱。某款手机市场平均价在1100元左右，可商家就敢标价1800元，然后抛出所谓的促销打折优惠，你若是花8折的价格1440元买下后，你会是什么感受？

王先生在一家大型手机连锁店里花1440元购买了一台诺基亚手机，正是因为相信了卖场里不停播放的广播"挑战本地最低价"而掏钱。几天以后，他与同事去逛别的商场时却意外地发现，同样品牌、型号的手机在其他商店内所出售的价格均在1100至1200元之间。

其实，王先生遇到的这种事情并不是偶然的，市场中的"虚价"现象数不胜数，消费者如果没预先作"货比三家"的市场调查，很可能就会陷入价格陷阱。

俗话说"买的不如卖的精"，有的商家即使喊出打折的口号，开价也是漫无边际、名不副实，其中的水分和玄机，普通消费者根本无法猜测，所以一般的消费者怎么算也算不过商家。

所以，在市场监管不完善、商家诚信度有待提高的今天，消费者要保护自己的切身利益，不被商家从自己的口袋中掏出钱，就要提高自己的鉴别和判断能力，理性购物，在购物时要"货比三家"，才不容易当"冤大头"，花了不该花的钱。

三、砍价也要有技巧

价格一定要砍，并且要坚持砍，这样砍着砍着，钱财就来了。当然砍价也不是死缠烂打、胡说一通，砍价得讲究技巧。

1.心仪但不动声色

从你刚刚开始发现喜欢的商品，并且有了购买欲望的时候开始，和老板的砍价心理战就打响了。

例如，你发现一件喜欢的衣服，喜悦要藏在心里，脸上要不露声色。你可以漫不经心地先摸摸衣服的料子，或者对老板提出试穿的要求，价钱大可不必急着问。穿上之后，还可以再和老板过几招，比如问问这个款式还有没有别的颜色，即使身上穿的这个颜色你已经非常喜欢了，或者说"要是领子再高点就好了"之类鸡蛋里面挑骨头的话。

这时，老板多半会打圆场，说这件衣服的好话，但你千万不能就随着他的思路走了。当他的好话说得差不多的时候，你就可以开始问价了。让老板觉得你不是特别喜欢，凑合卖了算了，所以开的价钱一般不会很高。

2.杀价要心狠

当试穿后发现没有什么问题，一切中意后，和老板之间关于数字的砍价拉锯战就拉开了帷幕。这段时间，最重要的就是不能心慈手软，要知道心软了，就得多掏银子，亏的是你自己。

当老板把价钱喊出之后，你觉得和自己的心理价位有出入，此时，你大可以做出掉头就走的架势，以示老板不是诚心想卖衣服，老板们则会拉住你，向你说这是有牌子的正宗货，或是出口转内销的外贸货，质量有多好等等。

而你却不必理会这一套，心再狠一点，你可以喊出比自己心理价位稍微低点的价格，也许是他喊出价钱的三分之一都不到。此时，老板必然会

省钱大作战

shengqiandazuozhan

向你加价，而你一定要坚持自己的价钱不能松口，大不了不买。

几个回合下来，老板只要拗不过你，多半会在你开出的价钱上稍微加点，这也许就正好是你的心理价位，你也就给个台阶，点头付钱吧。

3.天涯处处是芳草

很多店里的衣服是跟着一阵阵流行风而来的，很多时候在这家店里看到的衣服，在另外一家店里也能看到，有时也只是在细节的地方有些小变化而已。

这时就要学会货比三家，同样风格的衣服在不同的小店就会有不同的价钱，对于此类的衣服，可以多在几家商店逛逛，若其中有店主流露出想和你商量商量价格的意向后，你也不必急着和他开始口水仗。

你可以很轻松地说在别家店也看到过这样的衣服，处处都是，质量不见得差，价格比你低一半，即使你以前根本就没有问过价钱。

此时，小店老板们会很急切地表明你不识货，以那样的价格绝对买不到。当然，你可以很轻松地说一句去别家再看看，这时你已经摸清楚了行情。来到下一家店和老板理论的时候就有了心理准备，就可以还下你想要的价钱了。

四、勤要赠品赚多多

很多人觉得要赠品丢面子，其实小小赠品可以为自己赚得多多，对待赠品的原则是勤要。买东西时一定要多问一句："有礼品吗？"不要怕麻烦。售货员有时候忙就忘了，或者想自己留下。

陈小姐有一次买化妆品，商场要下班了，她问了一句："是不是500块以上就有赠品啊？"促销员说："480元以上就有。"陈小姐交完钱后，促销员拿出来一个六色唇彩，接着又拿来一个双色眼影，陈小姐本来以为够了。没想到促销员又回身去找，拿了一个包出来。陈小姐真是觉得赚翻了！

还有，多跟促销员磨，以多拿赠品。李小姐有一次去商场，正赶上雅芳做活动，388元一套，还有礼品赠送。正好中秋打算送人礼品呢，就过去看，当时礼品是三挑一。她先想让促销员在价格上打折扣，但促销员死也不同意，于是只好在赠品上做文章了，李小姐就跟她们商量要不多给点赠品。

后来又来一个打算买了自己用的顾客，促销员最后说，你俩一人一套可以挑两件赠品。李小姐挑了一个大披肩和一个包，心想着可以送给下个月过生日的朋友，又省了一笔买礼物的钱，真是心里美滋滋的！

对待赠品，一定要勤问、勤磨，坚定索要赠品的意志，如此，才能赚得多多，省得多多。

第三节 出行也要细打算

出行在生活中占据着重要地位，上下班的交通出行、时不时的旅游出行，让你的钱包在不知不觉中瘪了下去。要想节省钱财，就要坚定出行也要精细打算的意志，利用各种方式为自己的出行省钱。

一、一拼到底

"拼"字代表的不是抠门，而是像拼客网站上宣言表明的那样：展示的是一种精明与节俭的生活理念，追求的是足金足量的生活品位。对于这种在年轻人当中日渐风行的"拼生活"现象，专家认为，这是人们的消费观念和行为走向成熟的表现，也是一种节俭的生活方式，值得广泛提倡。

生活中可拼的种类太多太多。拼客们也总是把能够想到的都拿来拼一拼。他们的口号是"爱拼才会赢"，不过这个赢，不仅仅是节省了开支，获得了盈利，更是赢得了一份分享的快乐，一种新的生活方式。联合更多的人，形成更大的力量，花更少的钱，消耗更少的精力，做成想做的事情，获得更多的快乐，享受更好的生活。

拼餐：旅行途中的吃饭是个大问题，找几个人一起去包餐，非常划算。出行在外，找几个朋友大家ＡＡ制拼餐，出一份钱，能吃到各种

特色菜!

　　不少拼网这样介绍拼餐板块:常尝鲜,又解馋,还省钱;大家一起搭个伙围个桌把想吃的菜尝个遍;吃一桌子的菜,只需花一道菜的钱!吃只烤全羊,只需付只羊腿的钱!

　　拼住:在外旅游时,找几个人合租旅店,分摊房租,可以节省大笔开支。拼住,费用共担,舒适共享,花得更少,住得更好。

　　拼车:就是在起始地和目的地相同或相近或顺路的情况下,几个人结成伴,一起搭车上路,车费均摊或根据路程远近,按比例分配出租车费用。平日上下班拼车、周末郊游拼车、长假回家拼车、出差办事拼车……拼车,只为舒适、快捷、又实惠!

　　公交太慢,地铁太挤,打车太贵,买车太远,不如邻居一起拼车;买车难养,挤公交太累,还是合伙拼车最够味儿;您现在上下班还乘公交车?太挤了!您一个人乘出租车?多浪费资源啊!几个人拼坐一辆出租车,车费均摊,方便快捷,经济实惠,又节约能源!

　　旅游拼车更是节省多多、快乐多多。先拼一辆大客,再拼旅游景点。许多景点的团体票都比散票要便宜得多,玩得尽兴,节省得更多。

　　拼购:就是集体采购,也就是在出行途中,有共同购买需求的人,大家拼到一块儿去买,这样既可以大幅降低成本,又有一起砍价购物的乐趣。

　　物价上涨已经势不可当,生活压力越来越大,很多地方的特产销售商更是大宰特宰,大家应该团结起来,去争取更大的优惠和实惠;想买真货,又想便宜,怎么办?大家一起拼着买,享受团购价!

　　吃穿住行,坚持一拼到底,这样你的出行在玩得尽兴的同时,真是大省了一笔啊!

二、淡季出行最划算

　　选对时机,旅行也可以省钱。随着传统旅游"淡季"的到来,国内航线机票、酒店、景点门票价格齐齐下降,出行可谓"价廉质高"。

另外，进入淡季以后，各地景区的服务质量相对提高。旅游旺季，尤其在一些旅游热点的景区，交通超负荷运转，饭店宾客盈门，景点人满为患，连拍个照也要"排长龙"，更有不法商贩乘机浑水摸鱼，宰客、售假。在淡季出游，此类扫兴的事则可大大减少。

并且在淡季的时候，商家往往会推出优惠活动，让你惊喜不断，省钱多多。

丹薇是个地地道道的古镇迷，梦里都是小桥流水的声音。她一直想去一次梦里的周庄、乌镇、同里，好好地看一次。可如今的古镇开发之后，旅游旺季时消费太高，这让囊中羞涩的丹薇迟迟不能走进梦里的地方。

今年的3月，丹薇抓住时机，选择淡季出行。这次的淡季旅行不仅让丹薇圆了自己的一个梦，更是让丹薇大大体验了一把淡季旅行的好处。因为是淡季，车票、旅店、景点统统打折，价格比旺季便宜了一半，旅途中吃穿用度花费也少了很多。

因为淡季旅游人少，少了喧嚣和吵闹，丹薇漫步在小镇上，看着青石的地板，体会到一份不一样的宁静。夜晚，古镇朴实的居民还特地为丹薇表演当地的民族舞蹈。这一次的淡季旅游，让丹薇既玩得开心，又节省了一大笔钱，丹薇觉得真是划算到家了。

如果你想旅游省钱，尽量选择淡季旅游吧，淡季出行让你拥有不一样的感受，享受不一般的实惠。

三、自助出行省钱多

现在大多数的旅游都是跟随旅行社随团，虽然在导游和景点安排上自己不必操心，但也有一些弊端，旅行社在时间和景点的参观上，安排得比较死，想看的不一定看得到，另外，由于旅行社需要盈利，所以跟随旅行社旅游要比自助旅游多花不少钱。

所以，现在都市中自走一族盛行，他们选择自助旅游，既能看得尽兴，玩得开心，还能节省很多钱财。这些自称背包客的人，自己带着地图、睡袋、日常用品，开始自助旅行，景点、住宿、餐饮都是自主灵活安

排，整体的经费至少可以节约一半。

浩博一直想去三亚看海，但昂贵的旅行社报价让他敬而远之，无意中浩博在网上看到一篇自助旅行去三亚的旅行攻略，于是浩博开始为自己的三亚自助旅行作准备了。浩博利用各种资源，查清楚自己的行走路线、住宿、吃饭都安排得妥妥当当，价格也非常合理。

到了三亚之后，浩博根据自己的兴趣，选择自己想要参观的景点，灵活支配自己的时间，既没被导游拉着去买各种各样的特产，也没让旅行社把自己的时间安排得满满的。轻松随意地游玩，无拘无束，一切吃穿用度都按照自己事先查阅好的餐厅、旅馆安排，省下了一大笔钱。

同样的景点，自助旅行不仅可以自己看个够，还可以比跟随旅行社旅游节省一半的钱，出去旅游想要节省银子的朋友们不妨一试。

四、留心免费契机

其实现在，免费随处可见，就看你是否留心。譬如现在各大超市都有"免费班车"，对于上班一族是日常出门理想的首选交通工具。你只要花点心思对各超市班车的路线和日程表熟悉一下，就能轻松搭乘，不需要你花一分钱，何乐而不为啊！

家住北京八里庄南里的小王，从来没为上班、上超市发过愁。"站在朝阳北路上等，家乐福、卜蜂莲花（即易初莲花）、美廉美、乐购，都有班车从这过。"小王说，有时候一小时里就能过好几趟不同超市的免费班车。

他每天都乘坐免费班车去上班，还经常和邻居一起坐班车去超市，有时还只是出去遛弯，比比哪个超市东西便宜，有特价商品就买些回来。

据小王介绍，每天早晚，在家乐福慈云寺店甘露园线的班车上，二十几个座位的中巴车上有三分之二都坐上了人，几乎全部是上班族，他们早上乘坐免费班车上班，晚上再顺道买回家用物品，又省下了出行购物的钱，还经常会买到超值的特价商品。

只要多多留心，就能发现免费契机，让你的出行不花分文，省钱省得无与伦比。

五、聪明的换客一族

如今，什么东西都可以换着使用，换客盛行，甚至在出行旅游时，连房子都可以换着住。换房旅游正受到越来越多人的关注，"换房游"不会受到旅游旺季酒店住房的限制，还能帮助彼此省去住房费用。

目前"换房旅游"有两种操作模式：一是不同城市的亲戚、朋友或熟人之间，私下通过协议实现"换房旅游"；二是原本互不相识的网友通过中介网站达成"换房旅游"协议。"换房旅游"经济实惠，还可以拓宽人际交往圈。

互联网使得换房爱好者们有了更广泛和快捷的选择，也使这个爱好得以最大范围地实施和发挥。有志于换房的家庭把个人情况和房子或公寓状况上传到网络，并且注明自己向往的度假目的地和时间安排，如果正好有两家相互对上眼，时间安排也凑巧，那就各自打包拖家带口地往对方家里进发了。

谢先生早已计划和家人去丽江，可他并不着急订酒店，因为他经朋友介绍，和当地的张先生达成协议"换房游"，而谢先生在北京的住房将迎来张先生夫妇。两家换房之后，双方都感觉像在自己家门口旅游一样，住得舒适开心，还省下住宿的昂贵费用。

自己到外地旅游，自家房子闲着，却要另外花钱住旅馆，倒不如和一样情形的同道中人交换房屋异地而居，彼此舒适又省钱，一举两得，多好啊！

第四节 君子之交淡如水

君子之交淡如水，小人之交甘若醴。在日常的交际中，我们也要坚持遵循这句古训，改变自己的社交理念和方式，让自己的社交变成君子之交，像水一样，清澈见底，为自己省下钱财。

一、改变你的社交观念

如今的社会，并不是你一掷千金地为他人买单，就会赢得一个好人缘，花的钱多并不能说明你善于交际。改变自己的社交观念，聪明地社交，既能博得他人好感，还能为自己省下辛辛苦苦挣来的银子。

1.借钱要慎重

莎士比亚在《哈姆雷特》中谆谆教导世人：不要向别人借钱，向别人借钱将使你丢弃节俭的习惯；更不要借钱给别人，你不仅可能失去本金，也可能失去朋友。

人与人之间借钱凭的全是感情，既没有可行性论证，又没有法律认可的抵押或担保，有的甚至连借条都没有一张，痛快是痛快，但事后若有麻烦，那麻烦就不是一般的大了。

（1）不要轻易借钱给别人

说句良心话，借钱不还的人，也并非都是恶意赖账。能够向你开口借钱，你也能够放心地把钱借给他，这样的关系，多半不是一般的关系，要么沾亲带故，要么有利益上的牵连，要么就是有特别让你感动或者信赖之处，不然你怎么可能把钱拿出来？你能拿出来，至少在当时，你一定是相信能够收回来的。

但是后来为什么变了呢？往往借钱的时候是他求你，还钱的时候，就变成你求他了。就因为你不是专业放债的人。你不专业，你就要犯错误。

你不专业，你就把感情当成了抵押，以为有了这些感情，还钱就有了保证。殊不知，钱是有价的，感情是无价的。无价的东西，说值钱它就值钱，说不值钱它就一钱不值。所以，感情是世上最重的东西，也是世上最轻的东西，你把实实在在的银子置于这样一个虚无的东西上，本身就风险极大。

借钱容易还钱难。借钱的人很容易开口，因为大家感情好，才向你借钱，借钱是信得过你，看得起你。而讨债的人却很难开口，因为讨债总是在对方不愿偿还或者无力偿还时发生的，讨债就成了落井下石，是破坏感情，是忘恩负义。

且不说你的钱能不能悉数讨回，就算是你讨回来了，哪怕钱没有损失分毫，但人情已经损失殆尽，恩人反而变成了仇人。还钱的人，就算他还了你的钱，也不会还你的情，不仅不会因为你在危难的时候帮助了他而心存感激，反而因为你忘恩负义，你不给面子，你帮人没有帮到底而记恨在心。

借钱给人，最大的危险不是失去钱，而是永远失去了情，做好事反而把人给得罪了。

杨绛在回忆钱钟书的文章里说，钱先生从来不借钱给人，凡有人借钱，一律打对折奉送。借一万，就给你五千，再加上一句"不用还了"。钱先生的睿智通达，真是惊人。

（2）不要轻易找别人借钱

找别人借钱使人养成不良的习惯，一方面会钝化了节俭的习惯，另一方面会使自己疏于理财。因为我们仿佛觉得别人的口袋是自己的，因此可以不断地去掏，挥霍浪费。

借钱之事，不到万不得已一定不要开口，一旦你一开口，你的浪费行为说不定就开始了，想要省钱就成了天方夜谭。

2. 费用AA制

朋友一起聚餐、唱歌、玩乐是常有的事情，如果每次都是自己掏腰包，那你就真是个冤大头，银子花得跟淌水似的。其实，好友聚集在一起吃饭、玩乐，费用AA制是最合理的方式，这样的做法对每个人都是公平的。

小夏是个AA制的忠实拥护者，在和朋友聚餐时，她一直坚持实行AA

制。"ＡＡ制有两大好处，"小夏说，"一是花自己的钱，点菜随意，吃饭仗义。如果是宴请别人吃饭或是别人请客。点菜时就得考虑：酒菜的贵贱，别人爱不爱吃等。而ＡＡ制，自己完全可以按照自己的口味点酒菜，不用考虑太多。"

"二是无大压力，没有负担，心情愉悦。ＡＡ制与一人花钱请客相比，支出只是自己的一份，花费较少，心理无压力，无负担。吃自己，不嘴短；如果一人花钱结账，势必未花钱的人总觉得欠人家一顿，早晚得找机会回请一顿。这样轮流做东不但浪费大量时间，而且浪费大量资金。"

坚持实行ＡＡ制，不仅大家彼此心里舒坦，当然钱也可以省下不少。

3.联络感情也要用对方法

（1）多用短信和网络

与朋友保持良好关系，并不是一定要多聚餐、多玩乐，经常如此需要大笔的开支。朋友之间经常发个短消息问候一下，在异地的朋友过生日时，给朋友发一封祝福的E—mail，经常和朋友用QQ聊天交心，这些都能维系一段良好的关系，既经济又便捷。

（2）为朋友精心挑选小礼物

在朋友生日时，或者你出差时，看到一些有特色的小礼品，别忘了给朋友带回来哦。这个小礼物并不会花费你很多钱，但由于你的精心挑选和你的一份心，它也变成一份好的礼物。

程程每次在朋友生日时，都会为朋友送上让朋友开心不已的礼物，其实程程的这些礼物根本没有花多少钱，或者是一个非常可爱的储蓄罐、或者是一只会变色的杯子、或者只是在丽江的街边小摊买的一个精美的头饰……这些礼物都是程程根据朋友的喜好，精心挑选的。

礼物虽然不贵，却由于程程的一份心，变得珍贵起来。聪明的程程不仅赢得了友情，还为自己节省了钱财。

礼物不在贵重，关键在于你自己是否有心。

（3）请朋友到家里做客

请朋友到家里做客，不仅可以表达自己的诚意，更可以减少到外面消费的不必要开支。在家里不论是谈天说地，还是吃饭都方便很多、节省很多。如果你的朋友从来没有到你家里做过客，那在方便的时候，不妨将其请到家里来。之后，你会发现你和对方的关系已经在无形之中深化了很多。

4.学会拒绝

对于别人的邀请，我们要有拒绝的勇气，同时还要学会拒绝的技巧。一个不懂得拒绝别人邀请的人，他的额外开支也很难得到有效控制，正所谓来而无往非礼也。一个懂得拒绝的人不仅不会伤害别人的感情，更为自己省下钱财。

二、人情中的大学问

人情往来是每个人都会面临的问题，尤其是在当今社会，各种应酬和交往很多，朋友、同事的生日、婚礼、生病住院、亲友过逝……都免不了送上一份人情。人情成为每个人财务支出的重要组成部分，如何作出合理安排，既做到通情达理，又不给自己增加金钱负担呢？这是一门大学问。

1.红包适量就好

有些人送人情就喜欢比，看谁拿得多，好像拿得越多，感情就越深，拿少了似乎这顿饭都吃不下去似的，这样下去，那真是花销巨大。送红包一定不要有攀比心理，做到坦然大度就好，红包数量根据实际情况适量就好。

同学、朋友、同事、亲属，不同的关系，亲疏远近各不相同，所以送礼的轻重也不尽相同。这时候量力而行就可以了，也没有必要过于讲情面，否则就是自己跟自己过不去。另外无论什么样的关系，只要你去捧场，能送上一份心意，人家就很感激了，不会太在意你拿了多少，所以千万不要打肿脸充胖子。

2.送礼送到点上

当今送礼的花样越来越多，完全打破了送吃的喝的那种传统模式，取而代之的是送保健品、体检卡等等。其实送礼主要看送给什么人，送到人

的心坎上，送到点上，并不是礼物贵重就好。

送礼要考虑以下因素：

（1）明确送礼的目的，是为了什么而要送这个礼

明确目的之后，才会在挑选礼物时，做到心中有数，不会花钱去买不必要、不受欢迎的礼品。

（2）礼品要投其所好

礼品一定要投其所好，送到人的心坎上，送到点上，这样送礼，才会物超所值。

（3）礼品也不需要过于贵重

不一定需要贵重，联络感情而已，送太贵重的礼物不仅会让收礼人不适，也会让自己的钱财大大流失。

（4）选择恰当的送礼时间和场合

送礼也要在恰当的时机，那时才会有好的效果，带给收礼人好的心情。

送礼给老人最好是保健品和体检卡相对实用一些，其中还包含着一份感恩。送给新生儿或者产妇最好是保养品和婴儿用品，大人小孩都喜欢。送给年轻人最好是一些比较流行的物品，年轻人会喜欢。总之送礼给别人，要抓住别人的心思，送到点上，这样才能花得很少，送得很好。

3.情感投资最重要

送礼需要算计，但是情感却是需要培养的。平日里多做一些情感投资，这样，即使你分文未花，仍然收获一份好的感情。

节日或者喜事正是培养亲情、友情的好时机，花点心思，和他们作情感上的交流，比送任何礼物都珍贵；花时间，陪自己的父母，是最好的尽孝；花精力，在亲友需要时帮上一把……这些都是感情的厚礼。

其实，人情与花销并没有必然联系，一切的情感传达都源于我们如何用心，而不是我们花了多少钱，情感的投资永远是最重要的，也是最值得的。

三、过节陋习要改正

过节的时候，是人际交往最频繁的时候，这个时候不把握住自己的钱袋子，钱财就会在节日的气氛中不翼而飞，让你措手不及。我们在过节中的陋习实在很多，不改掉这些过节中的交际陋习，我们省钱的愿望永远也实现不了。

1.请客比赛要停止

过节的时候，家里日日宾客盈门，大吃大喝，今天这家明天那家，轮流比赛请客，吃个不亦乐乎，结果这个节过下来，腰围胖了一圈，工资奖金吃光不算，甚至还背上了一身债。这样的节日过下去，只会日日亏空，根本不可能省下钱。

小李平时上市场买菜，连青菜都要拿在手上抖三抖，抖掉了水分才肯过秤。可到了过节，他家里必定宾朋满座，七大荤八大素的山吃海喝。小李家里时不时地来客人，隔天就有亲友邀请他参加饭局，整天的吃啊吃啊，平日里舍不得吃的食物到了过节就成了垃圾一般。

一个节过下来，小李苦不堪言，每日大鱼大肉让小李肠胃极度不适，更可怜的是小李的年终奖金在这场请客比赛中消耗殆尽。

之后的每一次过节，小李就早早地远离这场比赛，再也没有大肆地请客，也没有整日地大吃大喝。陪陪父母，不仅没有了身体上的不适，钱财那更是省下不少。

大家过节时的穷吃猛喝，根本不是在品尝美食，只是在吃一种派头而已，所以，停止你的请客比赛吧，为自己的身体着想，为自己的钱包考虑。

2.远离人情这条链

过节时的人情就像一条链一样，逢年过节，办事的特别多，接二连三的请柬会送到你的手上，让你不去还不行，有苦说不出。这时，唯有彻底远离它，才有成功逃脱的可能，才能捂住自己的钱包不漏钱。

小郭夫妇都属于工薪阶层，一年到头终于攒了点钱，还没算计怎

花呢，就接连收到了八张请柬，结婚的、做寿的、小孩10周岁的……小两口把这八个"份子"加起来算了算，就是掏出全部手头的钱，还得借上三四百才能应付完毕，两人真是欲哭无泪。

小郭夫妇有了这次教训之后，以后的每年春节，两人要不就回老家，要不就全家出去旅游，所谓不知者不罪，请柬找不着主自然也就罢了。如此，小郭夫妇终于省下了自己攒下的那点钱。

人情链实在太长的时候，干脆就远离它，离得远远的，自然就把钱省下了。

3.一定不要沾手赌博

如今的过节赌博成风，一到过年，全国各地似乎都会出现聚在一起打麻将、打牌的人群，有的人在很短时间就输掉了一年的血汗钱，有的人赌红了眼，倾家荡产，甚至把自己赌进了班房。

辛辛苦苦挣的钱就这样在牌桌上没有了，赌博害人害己。可能一开始你不以为然，甚至认为赌博时大家可以在一起交流感情，但当你输得越来越多，陷得越来越深时，你就会知道赌博是多么的害人啊！一年到头没见的亲友可以在一起聊聊天，看看电视，有很多的交流方式，赌博是其中最坏的一种。

所以，一定不要沾手赌博，连看都不要看，眼不见心不烦，过年想凑热闹，可千万别往忘牌桌上凑。

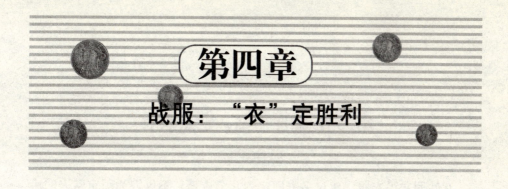

第四章

战服："衣"定胜利

省钱大作战，当然需要战服的支持，衣服是我们日常生活中所必不可少的，稍不留意，衣服的消费就会谋杀了你的钱包，让你的省钱愿望落空，让你败走"衣"城。

怎样让自己既穿得漂亮舒心，又不花费过多的钱财，让自己在衣装方面能够省下来钱呢？这当然需要我们的智慧，以及各种购衣穿衣的技巧。懂得了这些并加以运用，你就一定能取得本次作战的胜利，"衣"定胜利！

第一节 瞄准店铺，定点购衣

女性朋友买衣服，建议多去固定的几个店铺。不仅因为固定常去的店铺的服装风格适合你，还因为去的次数多，买的衣服也多，作为熟客，老板一般会主动优惠不少。

如果你比较擅长服装搭配，走到街上回头率高，有意无意之中再给店主拉来不少主顾的话，店主多方面综合考虑，会更乐意薄利多销少赚点，以稍高于成本价的较低价位，卖给你很不错的衣服。所以，建议大家买衣服尽量在固定的店铺消费，时间一长和老板熟悉后，一般都可以享受到比陌生店铺低很多的折扣。

一、找准适合自己的衣服

在自己居住的地方附近，或是自己经常逛的街道，根据自己的身材、脸形、肤色、喜好，综合考虑比较，选择适合自己的衣服、适合自己的店铺。

每个人因为自身条件的不同，都需要衣服做修饰，懂得自己适合什么样的衣服，可以让你更亮丽。

1.身材

①身材壮硕丰满者：套装选择注意布料，不要太厚重，款式尽量简单，不要有太多装饰。长裤不要打摺，尽量不要有口袋。

②个子娇小者：短外套和长裤有修长身体的效果，加上有一点跟的鞋子，效果会更好。高腰洋装配上质料轻的外套，也有修长效果哦！

③削肩者：穿衣时可以用轻薄的垫肩加强肩膀，比较有精神，但不能使用过厚的垫肩，以免不自然。

④宽肩者：不可穿有垫肩的衣服，以免看起来更壮实。套装的选择应该尽量选质料柔软的。

2.脸形

①鸡蛋脸：最标准的脸形，适合各种领形，但应参考身材决定适合的衣服。

②圆形脸：适合V形、U形领的衣服，会让脸型看起来瘦长。

③长形脸：适合小立领、国民领或中立领、高领的衣服，避免方形领、U形领，容易造成横向扩张。

④菱形脸：适合圆领、高领衣服，避免方形、U形等有角度的领口。

⑤方形脸：适合V形领、低圆领，避免方领或有角度的领形。

⑥倒三角：适合圆领衣服，避免方形、V形、U形等有角度的领口。

3.胖人穿衣法

①手臂粗的人应该避免穿短袖或蓬蓬袖的衣服，试试五分或七分袖，可以有遮掩的效果，但如果太紧反而会有反效果。

②身体较胖的人可以选择领口较宽或较深的衣服，会使身体的面积看起来比较小。

③肩膀宽大的人应避免领口宽松的衣服，会造成反效果；适合V形领及深色的衣服；避免有垫肩或没有肩线的衣服，如有垫肩的西装外套或棒球装就应避免尝试。

④避免花纹过于复杂或大花纹大格子的衣服，会有膨胀效果。

⑤选择松紧合适的衣服可以看起来较纤细，避免太紧身的衣服，但是故意穿太宽松的衣服反而会显得邋遢没精神哦。

⑥深色的衣服可以有遮掩的效果，身体较胖就可以上半身穿深色下半身穿浅色，利用对比色模糊真实的比例。

⑦臀部肥胖的人应避免紧身裤及七分短裤，会让下半身看起来更胖，可以试试中直筒裤、硬挺的西装裤。

⑧小腹突出及啤酒肚应避免穿过紧的衣服，会凸显小肚肚，应选择有腰身、松紧适中、材质较硬的衣服。

　　根据以上条件，就可以选择适合自己的衣服，然后再综合地理位置、价格、老板服务态度，进而选择适合自己的店铺。

二、从此定点购衣

　　选择好适合自己的店铺后，就根据自己的需要，时常去自己选定的店铺购买衣服。双休逛街的时候，假日游玩的时候，甚至是日常买菜路过的时候，多走进店铺看看。

　　如果正看到自己需要的衣物，价钱又合适，就适当地买一点，但不要太多，留着以后买吧，因为等你和老板熟了之后，价钱就会便宜很多哟。

　　晓茵有一次逛街的时候，偶然发现一家淑女店里的很多衣服自己都喜欢，试了几件发现也很适合自己穿。于是晓茵就暗暗记下这家店的位置，之后每次逛街的时候，都会去那家店看看，看到合适的衣服，并且价钱也合适，就会买下来。

　　陆陆续续地，晓茵就在那家店买了几次衣服，从此就把这家店当作自己的定点购衣店。当然之后，晓茵享受到的优惠就不用说了，又买到自己喜爱的衣服，价钱也非常的合适。

三、和老板熟络起来

　　接下来就是和老板熟起来了，有了之前的那么多次购买，本来已经混了个脸儿熟，再想和老板熟络起来，就非常容易了。

　　拥有愈多固定客户的店铺，生意愈兴隆，而且生意愈兴隆的店铺，愈珍惜顾客。因此，各家店铺都拼命努力地争取固定客户。因为固定客户如果喜欢某一家店的话，每次买东西一定会光顾那一家店。大致说来，大部分的店铺都多多少少拥有这类型的顾客。

　　一般的老板看到你喜欢他的店铺，自然也就会觉得你欣赏他的品味，有可能会发展成他的潜在客户，自然会莫名对你产生好感。之后你再在每次看衣服的时候，多和他聊几句，一来二去，大家就熟了，那之后，你就可以得到优惠了。

安宁的衣服基本都是在固定店铺购买的，既穿得漂亮，也比其他人购买要相对便宜很多。安宁和自己经常买衣服的店铺老板彼此一直以诚相待，因为安宁的真诚，有很多店主经过几年的交往，已经与她成了很好的朋友，有时还会约好一起吃饭，有什么事情还常常互帮互助。

而店主对于像安宁这样的熟客，也不断推出一些优惠措施，比如给他们一定的折扣，节假日比平时更优惠一些。对于喜欢小饰品的熟客送上几件小饰品搭配衣物，对一些常来的客人还细心留意他们的穿衣风格，主动为客人挑选适合他们的衣服。

当店中推出一些新品时，店主还会优先给安宁优惠，就靠这些点滴的小事，店主和安宁的关系越来越融洽。

瞄准店铺，定点购衣，当你和老板熟了，甚至成为了朋友之后，你不仅会收获一份都市里难得的人情味，还会发现自己身上的衣装，永远都比别人的便宜。

第二节 抓住时机，反季置衣

购买衣服，要懂得选择合适的时机，时机选择正确了，不仅能买到心仪的衣服，省下的钱也不只是一点点。抓住时机，就是要懂得在什么时候买衣服花钱最少，买的衣服又好，最重要的是学会反季置衣。要想抓住时机，就要利用自己的聪明才智多观察，多寻寻觅觅。

一、这些机会要抓住

购买衣服省钱的机会很多，只是看你自己能不能多多寻觅，抓住机会后就不放弃。另外也要懂得合理选择购买时间，购买时间选择正确了，也会为你节省不少开支。

1.寻寻觅觅找机会

现实生活中，存在着许许多多的优惠时机，如新店开业酬宾、商场返

券、楼盘节日打折等。因此，瞄准优惠时机，适时消费就成为省钱的一条原则。

许多大型服装卖场，品牌服装进场的时候，往往和商场都签有一定时间内销售量达到一定数额，否则撤柜的合同。这样一来，品牌服装在撤柜前，就是一个极好的买点。

虽然这样的机会不是天天都能碰到，但一旦碰到，一定会让你有如获至宝的感觉，想想以进价买到著名的国际品牌是种什么感受，即便是普通的品牌那也是很划算的。

很多时候，街上风格独特的服装小店，也会因为这样或那样的原因，突然有一天就不干了，这时候，大多数店主真的会亏本大甩卖的，不要不相信，这样的机会是可遇不可求的。前提是，你了解并清楚地知道这家店是真的要关张了，而里面的衣服又的确适合你！

晨晨是个很爱逛街的女孩子，有时候并不是打算购买什么，只是不停地寻觅、观察。这样不时地就会发现哪个卖场甩卖啦，哪家服装店要转让啦，哪个专柜要撤啦，诸如此类的消息。这样，晨晨就总能买到质地又好，又适合自己的漂亮衣服，并且最重要的是，价钱都便宜得不能再便宜了。

所以，如果有闲暇的时间，朋友们不妨经常逛逛街，说不定，寻寻觅觅之间，就会有意外的惊喜在等着你！

2.合理选择购买时间

合理选择购买时间，当然是购买衣服时最重要的一招。现在的商场，出新品特别快，春天刚刚绽开点笑颜，商场里的春装就开始陈设一新，连夏装都上柜了。一般来说，新上柜的衣服款式新，但是价格高得惊人，折扣也很少。

周蓝是个特别会买衣服的人，常常买到既便宜又合适的衣服。她一般都会在出新品的时候多兜兜商场，有中意的款式就试穿一下，看看是不是合身。但是从不在这个时候出手，以免吃亏。

新品上市时，一般商场不给折扣，或是只能给个八折到九折。但是过几个礼拜，周蓝会再去看看，就发现原来看中的衣服，价格已经下来不少，有的甚至进了折扣篮，这时候直奔主题，既免去了和众人挤在一起选衣之苦，又节省了不少开销。

陈琪有一件非常心爱的上衣，是今年三月份推出的新品，当时她一眼就看中了，不过当时是春季新款上市，要812元，还只能用贵宾卡打个9折，大概730元。

陈琪等了足足一个月，到三月底，因为商场开始出夏装了，这件衣服六折就买下来了，足足便宜了240元！而且一点都没有耽误穿新装的时机，等一个月就省了240元。

选对购买时间，是购衣省钱的重要策略，这个时机一定要抓住，以免过了这村没这店了。

二、反季置衣最省钱

无论是服装大卖场还是小淘衣坊，衣服刚上架的时候价格都很可观，但到临近换季的时候，为了回笼资金，在换季之前向服装厂家预定下季的服装，抢占市场，增强竞争力，商家往往会提前半月甚至是一个月的时间，采取打折的方式尽快把本季的服装出售，防止积压。

而这时候的服装往往还能继续穿一到两个月，但价格最多的却可以打到三折。所以服装刚上架的时候，准备购衣的朋友们，一定要注意留心是否有自己合意的服装，这样在打折的时候，就能以最快的时间、最少的银子买到自己最心仪的服装！

不仅如此，现在还流行反季节出售服装，即在夏天出售去年冬季的服装，冬天出售去年夏天的服装。虽然款式稍稍落伍了一些，但价位却低了不知多少倍。只要自己能独具慧眼，精心选购，穿的时候再和当季的衣服巧妙搭配，也会给人不落俗套的感觉，但钱财却在不知不觉中节省了许多。

陈女士工作的办公室里有几个年轻女孩，绝对是潮人一族，尤其对衣着的研究堪称"专家"，她们独具慧眼，经验老道，总结出一条规律：反季的名牌男装最实惠。

俗话说：买家没有卖家精。她们常说，大商场里每到初春初冬和节日

店庆，总会推出一批打折商品，这时，最聪明实惠的做法，就是给老公或男友买反季的名牌打折的服装和皮鞋。男人虽然不像女人这么爱逛街买新衣服，但男人的衣物多数比女人贵。比如说1000元钱，女人可以用它买到两件时尚而且看起来品质不错的短衫，可是这1000元大概只能买到一件你认为看上去还顺眼的男式服装。

男人的衣着不需要多，几套而已，但一定要穿着合体，要用适当的名牌衬托出品质才好。并且，男人的衣服和鞋子，几乎没有所谓的流行期，价钱打折，品质和品味却没有打折。老公或男友穿着省钱的牌子货，风度翩翩地陪伴你参加朋友聚会，是不是更让你心情愉悦，脸上有光呢！

陈女士就是采纳了她们的建议，效果相当好。常常只花三分之一的成本，打扮出百分之百的男人风貌。

当然，反季置衣时也要懂得挑选合适款式的衣服，以免虽然便宜买下来了，却发现没法穿了。

高小姐有一件黑色羊绒大衣，就是夏季商场清货的时候3折的价格购买的，比原价便宜了300多元。尝到甜头后，高小姐就时常关注反季置衣的信息，她根据自己的经验发现，反季购买虽然便宜，也有不少要领。

例如反季节购买衣服千万不要赶时髦，大多应该选择长久不衰的经典款式，像是职业装、套裙、大衣等等，颜色也主要以黑色和米色系列为主，这样的颜色既不容易过时，搭配起来也很轻松。

所以，反季置衣时，也要聪明地挑选衣服，才会更加物超所值。

第三节 不要名牌，同样出色

以前，人们大都认为衣服只有名牌才能穿出效果，而如今人们对衣服又有了不同的认识，各种"山寨版"的衣服、二手衣服、很久很久的旧衣服，甚至在网上、小摊小店里淘到的衣服，都能把人打扮得漂亮，让人穿得舒心，更能为我们节省买名牌的巨额钱财。

衣服穿在人的身上，并不一定要名牌才能彰显出个人的气质。让一个人变得美丽，衣服只是一个衬托作用，重要的在人，懂得为自己挑选适合自己的衣服，即使不是名牌，也同样让你出色，让你与众不同。

一、将"山寨"穿成大牌

电视上、网络视频上"山寨风"曾大吹特吹，既经济又赚眼球。在服装上我们同样可以来个"山寨"，以极其低廉的价格和以假乱真的大牌风格，再加上自己的好身段，也一定会把回头率和钱袋赚个盆满钵满。

一件PRADA高级女装，专柜售价在2000元左右，可是李小姐花了不到100元，自己买布，在裁缝店定做了一件几乎一模一样的"山寨版"，穿上一点也不逊色。店家还告诉她：如果在商场或杂志上看中了任何款式的服装，都可以为她量身定做。

张女士是一家私营企业的业务主管，由于经常要与客户打交道，所以总是打扮得光鲜靓丽。"宝姿"新款女装、"GUCCI"皮包、"欧米茄"手表……然而熟悉她的朋友们都知道，她的一身行头都是"山寨"，加起来也就几百块钱，要是购买正品，恐怕一件都买不下来。

不光是平常百姓，连明星也爱"山寨"。例如刘亦菲，就是因为经常定制衣服，被网友评为"山寨服女王"。刘亦菲的一套短款礼服，有网友指与范冰冰在东京电影节上所穿的礼服相似，只不过将那个国际大牌服饰改短了。然而刘亦菲穿上丝毫没有"山寨"的感觉，依然美丽动人。

明星选择定制，一方面是为了避免和别人撞衫，让设计师设计比较适合自己的服装。另一方面，这些具有节俭美德的明星也是为了节省钱财，也为我们树立了榜样。

大品牌服饰动辄数千元、上万元，大多数人根本支付不起。"山寨服饰"则要便宜很多，而且款式设计大方、时尚，有些"精仿"产品的做工也很好，俨然就像是为我们这些想穿好款式的普通人所准备的。

将"山寨"穿成大牌，一定要有担得起的气质，气质太重要了！如果

没有自信，无精打采，即使一身名牌也被别人当成地摊货；而一个气质优雅大方的人，即使"山寨"在身，也能以假乱真。

看着商场里那些精美的服饰，捏捏自己手上让人心虚的荷包，不买也罢，将"山寨"进行到底，将"山寨"穿成大牌，你只需要记住心仪衣服的款式和布料，就可以直接找裁缝给你定做了，价钱绝对便宜得不只是一点点，划算得不能再划算了。

二、二手衣装也美丽

许多衣物不一定要买全新的，还可以选择二手货，买二手货不仅可以降低你的日常花销，而且一些衣服甚至比新的更加耐穿，只要搭配得当，也可以美丽动人。所以，明智地想一想，不要只是一心求"新"，为了节省开支，试着选择二手衣装吧！

二手服装店和其他时装店经营的最大不同在于：二手旧衣店更多的是一种消费成本的转化。二手店的存在，无论是寄卖者还是消费者都降低了衣服的消费成本，这种消费方式在近年还加入了一面大旗帜——环保。从最实际的消费角度考虑，它确实是的。

处理旧衣服早就成为现今人们的大问题，每年都有上万吨的旧衣物被倒到垃圾场去。与此同时，通货膨胀也成为了消费二手衣的理由，如果可以以很少的价钱买到心仪的服装，那么剩下的问题只是如何跨越"二手"的心理障碍而已。

安吉丽娜·朱莉只花了26美元，就买了一条古董裙走上红地毯。约翰尼·德普的一套西服是一件二手的1940年的Vintage。瑞茜·威瑟斯彭在2006年奥斯卡颁奖礼上穿着一件二手的Dior礼服。关之琳也经常出席二手衣慈善义卖活动。

类似香港的米兰站这样的二手店则是提供了一个让疯狂购物者更疯狂的理由：尽情地买，如果不喜欢，用了一两次后，拿到那里去寄卖。明星则是寄卖群里最突出的人群，容祖儿、TWINS和她们的经纪人霍汶希合开的二手店吸引着一批年轻的粉丝，明星的服装成本居高不下，二手店则解决了这个问题。

而喜欢名牌但又购买不起的消费群，可以到那里找到低至一二折的名牌。据说李嘉欣是明星寄卖群里最不计较价钱的，只求快快出货。

选择二手衣装时要充分了解你喜欢的是哪一类风格，以免买到家后束之高阁。衣服不必很新，但至少不能残破，水洗标签要完好，如果有可疑的污迹尽可能不要。到信得过的二手店去购买，或者是购买亲朋好友二手衣服，品质和出处比较能保证，卫生问题也比较可靠。

其实很多二手衣服，只是被拥有者穿过一两次，非常新，根本和刚买的衣服没有多大差别。

（凯特·莫斯）KateMoss 最著名的CHRISTIANDIOR礼服，她穿了一次之后就拿出来卖了，成为二手衣服市场中的一件抢手货。

二手衣装，让你在穿出美丽的同时，也省下了金钱。

三、多翻翻祖母的衣箱底

时尚的风向标看似难以捉摸，前两年上世纪60年代复古风，接着80年代又带着夸张的廓形回来，而今年70年代呼啸而至。购买当季流行元素的成本在提高，似乎每一季都要从衣柜里整理出几大包不流行的衣服，不知何去何从。

其实衣装的时尚不过是在潮流之间来来回回，第二次世界大战之后，人们的着装开始考虑"人"的自我本身，它的廓形、剪裁也开始为个人服务，变得丰富和多变起来。多翻翻祖母、妈妈的衣箱底，之中很多古旧的衣服，说不定就是今年的流行，不用你花一分钱，穿在身上还多了一份韵味和厚重感。

如今粗制滥造和抄袭正充斥着我们的衣装消费，我们身上的每一件衣装，似乎都是没有灵魂的产物，而祖母压箱底的旧衣，却有着非常好的质地和久远的故事，厚重沧桑。

柳絮是个非常爱美的女孩，虽然囊中羞涩，没有太多的钱花在衣服打扮上，但每天的她总是穿着质地精良、款式非常有韵味的衣装。熟悉她的

朋友都知道，柳絮身上的好多衣服都是她在自己祖母、妈妈、姑奶奶的压箱底的旧衣里找出来的。

有一次，公司的年会晚宴，柳絮穿着一件对襟盘扣的丝质小袄，配上窄小的绵裙，引来许多艳羡的目光，公司一些紧跟潮流的女同事们忍不住走向柳絮问道："你这件小袄是在哪家店买的呀？好像是今年的最新款哦！"柳絮笑而不答，心里乐开了花，只有她自己知道，这件小袄是从奶奶的箱底翻出来的。

2009年秋冬大衣还没买，2010年春夏发布会已经开始，身在其中的时尚追随者无一不是在透支着金钱和未来，心浮气躁压力大，也是旧衣成为一个趋势的重要依据。旧衣提供了一种安全的情绪，一种几乎不存在的经济压力，它一直在那里，风情万种了好些年，而你们却在未来寻找它的蛛丝马迹。

上世纪70年代的乡村摇滚风格、波希米亚和民族元素再起新义，这些都不必到百货商场寻找新款，你大可以到祖母的衣箱底仔细地淘，那里有纯良的亚麻布衣装、手工刺绣制作的开襟衣、各种民族风格的大摆裙，美丽得超乎你的想象。

佳佳家里的老人很多，这让佳佳的衣服平白地增加了好多，而且分文不花，佳佳非常开心。

佳佳有一条非常美丽的连衣裙，精良的亚麻布，布料摸上去非常舒适，这么一件衣服，被佳佳穿上后，大家都以为是件价值不菲的名牌衣装。可是聪明的佳佳只是把奶奶以前的一条亚麻的裙子翻出来，按照自己的身材稍稍修改了一下，穿上去不显山露水，还有一种别样的气质。

现在的衣服都是机绣，那些像老奶奶一样古旧的衣服，在手工纺织的背后，沉淀着未知的故事，不可能再被重复，因为现在没有任何一台机器可以模仿人类纤细的神经。

你完全可以省下不必要花费的金钱，你只需轻轻打开祖母的衣箱底，抖落一件件优雅韵致的衣装，穿出自己的美丽和韵味。

四、寻衣不怕巷子深

衣服是淘出来的，酒香不怕巷子深，很多美丽的、质地好的衣服，不一定要在专卖店里、商场里，才能买到，或许在杂乱喧嚣的服装批发市场里，或许在某一条不经意的街道上、某一个深深的小巷里、某一间小店里，就能淘到你想要的好衣服，而且花费的价钱只是专卖店衣服的三分之一，或者更低。

真真是北京的白领一族，一个月工资只有2000多一点，这些钱在高消费的北京，很难再花钱在衣着打扮上了，但真真却是经常一身靓丽的新衣服，赚足了回头率。

说起自己的买衣经，真真自有一套，真真每月只拿出很少的钱用于购衣，却也把自己打扮得漂漂亮亮。真真从不逛专卖店，只是钟情于一些所谓的巷子衣装店，她是个不折不扣的逛街迷，因此对于哪里有什么样的服装店了若指掌。

时常地，真真逛着逛着不经意地就买到自己心仪的衣服，质地、款式都不错，丝毫不逊色于上千元打造的一身衣装。有时候是在批发市场里淘出来的，有时候是在一家小小的服装店发现的。每次淘到好衣服，真真就开心不已，不仅穿得漂亮，还能省钱。

1.淘衣的原则

淘衣要有眼光，这是毋庸置疑的。眼光从何而来，除了先天的审美目光以外，当然最好的老师是各类时尚杂志。时尚杂志价格不菲，本本都买自然是不划算的，因为这类书看过以后不具备收藏价值，一般到图书馆去翻阅一下就可以了。

淘衣的另一前提是喜欢逛街。常逛街的人才会有意想不到的收获。现在就和我们一起带着淘衣的理论知识，向着淘衣的实践出发。

第一条原则，打折时买衣。不管是什么衣服都在打折时购买，这是屡试不爽的经验。不过别买当季才刚流行的款式，要买经典款式，比如开襟羊毛外套，直筒收身连衣裙等，质地好、做工好是前提。

第二条原则，善于捕捉流行信息，掌握搭配技巧，让最普通的衣服焕发出生命。比如去年夏天特别流行一种短外套，年轻女孩怎么穿怎么好看，但如果是人到中年的女士，要想穿出短外套的味道，最好是搭配吊带长裙。

秦女士在外贸服饰店淘到一件针织小外套，是那种很养眼的黄色，弧形收边，左胸处用亮片和珠珠缝缀了几个诱人的草莓图案。价格才30元，跟捡的似的。

回家搭配一条买了很久、一直不敢单穿的黑色缀着黄色花朵的吊带长裙，足蹬一双黑色细跟皮鞋，在脚踝上系一根细细的银色脚链。朋友们都说这么穿显得年轻，有风情。

第三条原则，购衣时意志要坚定，千万不要被营业员的甜言蜜语冲昏了头脑。告诉你一个窍门，就是你穿上这件衣服后第一感觉如何，试衣镜前让你眼前一亮，这衣服值得你买，否则任别人夸破喉咙也得捂住腰包。

2. 淘衣的好去处

（1）北京

①西单华威7层，最IN最酷的服装都能在这里淘到，就看你的火眼金睛了！无可否认，目前的华威7层是北京最时髦服装的聚集地。虽然很多认识的店主都抱怨挣不着钱、价格上不去、消费能力低等问题，但依然乐此不疲地驻守在这里。

很多人觉得，这里是北京最有希望成为"东京109"那样的时髦商业中心，因为这里的店主八成以上都是十几二十岁的年轻人，他们穿的和他们卖的几乎一样，所以他们的需要也就是市场的需要。

②"动批"——北京动物园一带服装批发市场的简称。如果说有什么地方能让电影明星、公司白领、大学生、工薪阶层同时去购物淘服装，那只有"动批"。搜寻谷歌的地图显示，"动批"目前形成了以东鼎、天乐、众合、天皓城、金开利德、世纪天乐、聚龙、天乐宫为核心的购物圈。东张西望、走走停停、挑三拣四、身背大号黑色塑料袋是到"动批"淘货的标准装束。

③丽泽桥的天蓝天尾货市场。

④通州梨园的淘宝城。

⑤回龙观和天通苑的尾货市场。

（2）上海

①著名的七浦路，好的坏的都有而且多，鱼龙混杂要挑好的就要看你自己的耐心与眼光了。

②其他就是长乐路和陕西南路上的了，有点日韩风格，都是小店。

（3）深圳

①东门，价格和质量都有点混乱，朋友们要自己辨别。

②华强北的外贸街，就在华强茂业后面，叫第五大街。

（4）广州

①北京路，各种牌子比较多。

②状元坊，新潮衣服应有尽有。

③文明路，很安全，日韩服饰很多。

④江南西，环境比较舒服，而且小店比较多。

⑤五山街，很有城乡结合部特有的风味。

（5）南京

①环北市场，南京小商小贩都在那拿衣服。

②金桥和玉桥市场。

③新街口莱迪。

（6）武汉

①汉正街，只有你想不到的，没有你买不到的。

②街道口的太平洋数码广场二、三楼。

③民众乐园。

④佳丽广场。

第四节　网上购衣，省力省钱

对于想要省钱的读者们，网上购衣实在是不错的选择，省去了出门购衣的交通费用，省去了一家一家逛时装店的时间，最重要的，还能省下咱们辛辛苦苦赚下的银子。并且只要你聪明购衣，掌握技巧，网上购衣还能给你不一样的惊喜，让你穿得漂亮，省得开心。

一、网上名牌爱打折

网络上许多卖家都会售卖一些品牌服装，因为从厂家直接拿货，少了房租水电等成本，价格会比商场专柜便宜许多。不仅如此，网上品牌店还时时喜欢打折促销，有时卖家为了扩大影响，还会以类似于一元起拍的噱头来吸引顾客。所以，喜欢名牌但又想少花钱的读者不妨试试网上购衣。

拿ONLY举个例子，新款刚上架的时候，专卖店是绝不会打折的，但网上同款的新货一般却可以打到7～8折。在高级搜索里的"在店铺中搜索"中填入"ONLY"，勾选"在物品名称和描述中同时搜索"和"仅搜索仓储式物品"两项。

然后开始搜索，花费几分钟就能将经营ONLY品牌的几个网上大店铺淘出来了。喜欢的MM不妨用心定期浏览一下，几乎总能碰到与专柜同步上架却有折扣的新货，这时候下手是很划算的。

以下以淘宝网为例，为您介绍一些著名的信誉好的网上品牌折扣店：

①双生儿　好评率：98.34%；淘宝人气：502399；所在地：上海；淘宝分类：淘宝网女装；主营：女装。

②天使之城　好评率：99.79%；淘宝人气：466099；所在地：上海；淘宝分类：淘宝网女装；主营：上衣，裤子。

③气质淑女　好评率：97.34%；淘宝人气：236302；所在地：海外；淘宝分类：淘宝网女装；主营：时尚体恤、裙装、秋冬款。

④流行解码　好评率：99.13%；淘宝人气：540892；所在地：广州；淘宝分类：淘宝网女装；主营：日韩版职业小西装、春装外套、T恤。

⑤莫凡小店　好评率：98.88%；淘宝人气：506857；所在地：武汉；淘宝分类：淘宝网女装；主营：T恤、针织衫、裤子等。

⑥我的百分之一　好评率：99.39%；淘宝人气：632599；所在地：武汉；淘宝分类：淘宝网女装；主营：T恤、衬衫、裤子等。

⑦1970流行馆　好评率：99.77%；淘宝人气：770245；所在地：吉林长春；淘宝分类：淘宝网女装；主营：个性、百搭、日韩、欧美外单服饰。

⑧小怡靓衣量贩　好评率：99.86%；淘宝人气：385687；所在地：浙江杭州；淘宝分类：淘宝网女装；主营：外套、毛衣、裙、裤子等。

⑨瑞丽儿服饰　好评率：92.88%；淘宝人气：219111；所在地：上海；淘宝分类：淘宝网女装；主营：日韩、OL版、连衣裙、夏装、T恤、雪纺衫、牛仔裤。

⑩Catworld　好评率：98.51%；淘宝人气：315637；所在地：北京；淘宝分类：淘宝网女装；主营：外套、上衣等。

⑪月光石女装　好评率：97.56%；淘宝人气：406763；所在地：苏州；淘宝分类：淘宝网女装；主营：白领装、职业套装、韩版品牌、牛仔裤、情侣装。

二、绝佳口才和聪明才智让你省力省钱

虽然网上的衣服已经比专柜便宜很多，但卖家肯定还是有很大利润的，这部分利润能分享几成，就要靠你的绝佳口才和聪明才智的整体发挥了。如果临场表现出色，肯定还能省下不少的银子，只是需要你的脑力、体力和智力的综合配合才能成功。

程程是个资深网购者，她的所有衣物基本都是在网上买的，程程网购时间长了，就聪明了很多，每次网购时，运用自己的聪明才智和卖家过招，常常买到既便宜又满意的衣装，以下是一段程程和店主购买过程中的对话。

买家（程程）：在吗？

卖家：亲，有什么能为您服务吗？

买家：我要买109元的热销爆款日系时尚碎花连衣裙还能便宜吗？我

是黑龙江的。

卖家：便宜不了了，已经是最低价了。

买家：都这么说。

卖家：我们家是最便宜的了，都是出厂价的。

买家：便宜点吧，我现在就拍了。

卖家：便宜不了了。

买家：都这么说，便宜点吧！回去我帮你宣传。

卖家：亲，真的便宜不了了。

买家：一定能的，拜托了。

卖家：115元给您发到黑龙江，最低了。

买家：真的不能便宜了吗？还是贵了。

卖家：115元包邮到黑龙江最低了。

买家：你再便宜点吧，90元这个价我就拍了。

卖家：那亲再选选吧。

买家：不想看了，我就喜欢你的衣服，我要上班，时间宝贵，拜托，要不我都没心情工作了，拜托。

卖家：没办法。不好意思了。

买家：我要是穿好了回来帮你做免费宣传，你不就赚了吗？我还可以帮你多介绍点人来买，不是更好吗？

卖家：115元。

买家：那我去看看别的店吧！

卖家：115元很低了。可以的话，亲就拍。

买家：我不拍你家的了，我去看看别的。

卖家：115元已经是卖给最有诚意的上帝的价格了。

买家：再低一点吧，100元发到黑龙江。

卖家：真的不行啊，亲，你就再加点价，拿走吧，都说这么长时间了，好吧！这样吧，112元给你发到黑龙江。

买家：算了，我不要了，对不起，打扰你了，拜拜。

卖家：那100元好了。亲去拍吧，我修改价格。哎，真是服了你了！

买家：呵呵，好的，谢谢，我去拍了，下次还来你这买，你人真好。

卖家：嗯好的。亲，穿上我家的衣服，要为我宣传哦。

买家：嗯，放心吧，拜拜。

千万不要以为在网上购买衣服就不能划价，可以划，而且可以大大地划，只要你聪明伶俐，说到卖家心动卖给你为止。所以呀，在与卖家过招时，一定要充分运用自己的智力，表现得出色一点，就一定会达到自己的满意的价格，省下更多的钱哟。

三、成为VIP，非一般的感觉

网上的专业店铺一般都有会员制，成为会员就能在购买时享受更多优惠，尤其是在新店开业、老店店庆、换季打折搞促销的时候，拉上姐妹团一起购买，达到一定购买数量和金额，就可以轻松申请加入VIP，享受品牌服装的至低折扣，享受非一般的感觉。

以下是一般网店VIP会员可享受的优惠服务：

①VIP会员在会员价基础上另外享受价格优惠。

②VIP会员在订单处理和发货时间上，都处于优先地位。

③用户一次购物金额超过一定数额即可参与购物返券活动。

④会员积分达到一定分值就可以兑换网站为其准备的奖品。

⑤赠送购物礼券（红包、礼品卡）。

⑥提供返现服务。有些门户网站与许多大型购物网站有着密切的合作关系，它将给予购物网站的用户不同的返现比例。对通过这些门户网站的链接进入购物网站购物的用户，门户网站将返回给用户对应比例的现金。

很多人认为明星们大多关注名牌，只买奢侈品，这么想就错了，其实很多当红明星也热衷于网络购物。因为明星们工作繁忙，偶有空闲时光又苦于公众人物的限制，不愿随意出去逛街，因而网络购物的便捷性成为了他们首选原因，另外，很多明星虽然日进斗金，却依然保持着节俭的良好习惯。

而这些加入网购一族的明星们，也基本都是VIP一族。

孙燕姿就是资深的网购一员，她常花时间到不同购物网站精心挑选，并在一些自己中意的网店注册成为VIP会员。有一次，她在网上看中一件上世纪70年代古董衣，这种古董衣放到专卖店里至少是好几千。

而因为燕姿是该店的VIP会员，她享受到了极低的优惠条件，不仅以几百元的价格拍得这件衣服，还参加了抽奖活动抽得一顶非常时尚漂亮的小礼帽，发货也比其他非VIP会员要快得多。

在网上购买衣服时，如果遇见自己中意的店铺，信誉又不错，就尽量注册成VIP会员，这样就比普通购物者要享受到更多的优惠，让你既花得少，又买得好，让你享受非一般的感觉。

四、你一定要知道的注意事项

网上购衣，好处多多，但防人之心不可无，有些注意事项，你一定要知道，要了解清楚，这样，才能做到知己知彼，百战不殆，省钱多多。

网上购衣讲究个"知己知彼"，当然首先是要做到"知己"。大家柜子里一定有平时穿着特别合身的衣服，那就用它做样板，好好量一下：主要是胸围、腰围、肩宽、长度等几个指标。

还要注意电脑图片是否有色差，因为光线或是天气等原因，往往所拍的图片和实物会有一些差别的。如果有色差，则要细细了解是偏深还是偏浅，然后再决定是不是你所喜欢和适合的颜色。

再看款式，这是你更要"知己"的一个方面。一定要了解自己的着装风格和身材特点，不要看到模特儿穿好看就盲目跟风。还有就是面料，因为不能用手触摸，所以一定要仔细看清楚面料说明。

"知彼"是说对自己所购买衣服的网店要有一个清楚的认识，做到预防在先，处处留意，以避免不必要的损失。

①选择正规网站购衣。网购有两种付款方式：一种是货到付款，此种风险最低；另一种是通过付款中介，比如，通过支付宝进行交易。对于一些不够正规的网站却不能做到如此约定，购物风险也就比较大。

②仔细阅读网站的购物指南。如何填写订单、索要发票，怎样送货，有什么售后服务、退换货条件、优惠政策等各项内容都要仔细过目。

③做到货比百家。看到喜欢的商品不要立刻下订单，多比比多看看。

④关注信用评价。顾客的评价留言无论是好的坏的都不要忽视，商品和商家的口碑从这些留言中可以体现出来。

⑤尽可能了解衣服信息。为避免买到的实物与自己的理想差距较大，选择商品的时候一定要看实物拍摄的商品照片以及细节图，然后阅读商品说明，了解商品的详细信息。

⑥商场试穿，回家网购。上网买衣服和鞋子前，最好到商场里试穿后记下货号和尺码再上网订购。

⑦必要时要开发票。

⑧专卡专用。使用信用卡支付货款，最好不要一卡多用，卡内不宜存放太多现金；同时设信用卡交易限额，以防被盗刷。

⑨警惕价格过低的衣服。网上价格比实体店低一些很正常，但假如价格低到不可思议时一定要小心，这很可能是圈套。

⑩保存电子交易单据。遇上恶意欺骗的卖家或其他受侵犯的事情可向网站客服投诉，此时商家以电子邮件方式发出的确认书、用户名和密码等电子交易单据就成了凭证。

第五节 组合搭配，依然美丽

穿衣并非穿得名牌、穿得流行就是美丽的，有的时候用自己的独特眼光挑选的服饰，和经典或是流行进行组合搭配，也会产生不一样的动人效果，更能为你省下很多买名牌、流行服饰的钱。

组合搭配的首要是在衣柜中多准备一些浅色的、易搭配的基本款服装，如白色、蓝色、黑色等最保险的大众色，这样一来，你就拥有一些最

易搭配的服饰，在购物时，会省去为新衣服再搭配而额外购买的许多不必要的费用开支。

把购衣的钱分成三等份——

三分之一的钱用来买经典的品牌衣服，重点是手包和鞋等配饰，不要小看这些配饰，俗话说，没好鞋穷半截，配饰往往起着画龙点睛、不可小觑的作用，代表着你整体的品味和格调，这部分钱是万万不可省略的！

三分之一的钱买每季的流行服饰，因为每季都有自身的流行色和款式，所以这部分投资可以使你紧跟时尚流行风，让自己的着装不落伍，而始终走在时尚的前沿。

三分之一的钱用来购买样式别致款型独特的路摊货，这部分就要考验你的眼光和品味了，路摊货虽然便宜，但只要巧妙组合搭配，也会产生很好的效果。

这样，既买了经典名牌，又不失时尚形象，还可以少花钱，更重要的是，来回搭配着穿，天天会有焕然一新的感觉，既省钱又有创造的乐趣，何乐而不为呢？

但是在组合搭配中，一定要注意衣服色彩和样式的选择，只有色彩和样式选用得当，才能搭配出美丽的效果。

一、不一样的色彩，不一样的感觉

穿衣的颜色如心理学课程一样，看似简单，实则玄机暗藏。不同的色彩代表着不同的心境，塑造着不同款型的美"色"人物，给人不一样的感觉。

1.如何选对正确的颜色

黄种人不像白种人的肤色那样能把衣服原来的颜色表现得纯粹，颜色间的协调与冲突，便要加倍小心才行。同样是黄色肤种的东方人，也有肤色偏白、偏黄、偏黑的不同。

（1）偏白肌肤适合色

原则上，偏白的肤色在先天条件上占了优势，因此在颜色的选择上，范围较广，除了任何的纯色如黑、白、红、黄、蓝、绿等皆宜之外，淡粉色系可以让人看起来更加粉粉嫩嫩，深色系则对比出肤色的白皙，唯一需要注意的是：别擦太艳丽的口红。

（2）偏黄偏黑肌肤适合色

偏黄的肤色在选择芥末色、藕色、浅褐色等浊色系时要很小心，还有，注意身上的颜色不要太多，否则容易让脸色看起来脏脏的；偏黑的肤色则应避免选择深蓝色、炭灰色、深灰色、暗红色、红棕色等颜色，不然看起来就会像一个不会反光的物体一般。

2.选对颜色能增光添彩

选择适合自己的颜色时，应该先将衣服贴近自己的脸庞比对，会让自己的脸色看起来更好的颜色，才是适合的颜色。如果你以往挑选衣服时，总是以自己喜爱的颜色为主，或者以颜色本身所代表的感觉——例如红色代表热情、黑色代表神秘、粉红色代表温柔可爱等的印象——为标准的话，也许长久以来，你一直把不适合自己的颜色穿在身上而不自知。重新审视有哪些颜色才能真正为你增添光彩，让你变得更加出色吧。

3.搭配出彩的颜色

米色+黑色：稳重、知性风格。

黑色+金色：适合摩登时尚的风格。

淡绿+咖啡色：可爱又不显幼稚的色彩搭配。

红色+棕色：简约的都市风格。

白色+绿色：明亮轻快之感。

纯蓝+灰色：安静不失大方的时尚格调。

宝石绿+柠檬黄：轻快的气氛。

亮橙色+灰色：相当有时尚感。

蓝色+白色：清爽自然。

黄色+紫色：强烈的撞色有着强烈的时尚感。

灰色+粉橘色：有文化的配色，年轻、可爱不失知性风采。

灰色+紫色：神秘女郎的灰色地带，充满魅惑的经典配色。

省钱大作战
shengqiandazuozhan

灰蓝色+驼色：很书卷味，早期PRADA的经典配色，是秋冬非常好的选择。

4.着装色彩的配套组合方法

（1）统一法

统一在一种色调中的着装，有时会出现意想不到的效果。具体操作有两个方法：其一，可以由色量大者着手，然后以此为基调色，依照顺序，由大至小，一一配色。如先决定套装色的基调，再决定采用的帽色、鞋色、袜色、提包色等。

其二，可以从局部色、色量小的色着手（如帽子），然后以其为基础色，再研究整体的大量色的色彩搭配。这种从局部入手的搭配，一定要有整体统一的观念。着装色彩设计中的统一法，对小面积的饰物色彩也极为重视。

日常"随身之物"与着装形象构成统一的服饰艺术形象整体。像雨伞、背包、手杖、手帕等饰物，似乎是可有可无的物品，单独摆放在那里，即脱离开着装以后，也可以有独立的形象价值，但如果是高水平的穿着创作，整体考虑服装与饰物组合后的色彩统一性，必会出现预想不到的整体美。

（2）衬托法

衬托法，在着装色彩设计中，主要是要达到主题突出、宾主分明、层次丰富的艺术效果。具体而言，它有点、线、面的衬托，长短、大小的衬托，结构分割的衬托，冷暖、明暗的衬托，边缘主次的衬托，动与静的衬托，简与繁的衬托，内衣浅、外衣深的衬托，上身浅、下身深的衬托等等。

例如：以上衣为有色纹饰、下装为单色，或下装为有色纹饰、上装为单色的衬托运用，会在艳丽、繁复与素雅、单纯的对比组合之中显示出秩序与节奏，从而起到以色彩的衬托来美化着装形象的作用。

（3）呼应法

呼应法，也是着装色彩配套中能起到较好艺术效果的一种方法。着装色彩中有上下呼应，也有内外呼应。任何色彩在整体着装设计上最好不要孤立出现，孤立的色彩会显得单薄，需要有同种色或同类色块与其呼应。

如：服饰为紫红色，发结也可选用此色，以一点与一片呼应；裙子确定为藏蓝色，项链坠和耳饰可以用蓝宝石，以数点与一片呼应；项链、手表、戒指、腰带卡和鞋饰都用金色，可形成数点之间彼此呼应；领带与西服外衣都是深灰色的，以小面与大面形成呼应。

（4）点缀法

着装色彩设计中的色彩点缀至关重要，往往起着画龙点睛的作用。如在素静的冷色调中，点缀暖色调，使色彩显得高雅而有生气。穿蓝底黑花上衣和裙子，深蓝色内衣，配上蓝色帽子，帽边镶黑色，仅以金色项链和朱红鸡心宝石来点缀，显得格外高雅大方。

一般来说，点缀之色，面积不大，但与大面积色调往往是对比之色，起到一种强调与点睛之笔的效果。

（5）谐调法

这种方法可以使对比的或强烈的色彩柔和谐调起来，起着微妙的联结作用。

如穿红衣裙和红皮鞋，套上白色抽纱外衣，外面配上白色绢花，戴上白色耳环，手提白色皮包，以白色来缓冲红色，使红色因淡化而柔和一些，显得艳而不俗、动中有静、典雅大方。在色彩对比与和谐关系上，色彩与色彩之间缓冲过渡与衔接非常重要。

如果上衣是大红色，裙子是绿色，就有不谐调、不衔接之感，但若要腰上扎上一条黑色宽腰带，肩上背个黑书包，就会使强烈的红绿对比谐调起来。

二、不一样的样式搭配，不一样的美丽风情

组合搭配，就要有不同样式的搭配，搭配得当，才能穿出自己的风格和美丽，不一样的样式搭配，造就不一样的美丽风情。以下为您介绍几种常用的样式搭配方法供您参考。

（1）搭配一：帽衫＋牛仔裤

搭配要点：

①选择质地柔软贴身的帽衫，避免套在里面穿时产生臃肿感。

②将帽子翻出来，外套也要敞开扣子，露出低胸款式的帽衫，为中性风格增加性感味道。

③搭配一条磨白仿旧的牛仔裤，鞋子与包包在材质和风格上注意保持一致。

（2）搭配二：个性派的混搭风格秋装

搭配要点：

①长袖衫套穿在短袖小外套的里面，外短里长依然是时髦穿法。

②搭配格纹短裤让整体装扮很个性，同时提亮了色调。

③黑色的机车帽与白色的鱼嘴凉鞋，为这套混搭风格的服饰画上完美句号。

（3）搭配三：白色连衣裙＋长靴

搭配要点：

①到了秋天就要收起来的连衣裙，只要搭配一件小外套又可以继续穿出来。

②整体突出简洁感，选择搭配黑色平底长靴。

③在色彩方面，黑白灰三色的搭配也很经典。

（4）搭配四：OL的时髦正装

搭配要点：

①白色衬衫、灰色光感长裤与小外套搭配起来，可以穿到办公室去。

②小外套只扣一两个扣子，将里面的白衬衫露出来，避免套装的呆板。

③一些小首饰的搭配让整体看来更有亮点之处。

第五章
战容：简单"妆"成

要想以一种美好的状态投入这场省钱大作战中，就要有一副清新美丽的战容。对于女性读者来说，化妆是日常生活中不可缺少的，化妆品的修饰可以让一个人暗淡的容颜瞬时明亮起来。然而如今大多数化妆品的价格却是让我们无福消受的。

那么，怎样在省钱的前提下，拥有一副漂亮的容颜呢？那就要学会简单"妆"成。花很少的钱，用简单方便的办法，打造属于自己的美丽容颜。

省钱大作战
shengqiandazuozhan

第一节 美容化妆费用也打折

爱美是女人的天性，商场里琳琅满目的化妆品就是为女人准备的。世界上所有的商品中化妆品的利润是最高的，无论是年轻的女孩子，还是家庭主妇，她们对化妆品总是充满了浓厚的兴趣。

纵观化妆品市场，其分类是细了又细，有根据时间划分的日霜和晚霜，有根据功能划分的保湿霜、美白霜、防皱霜……这些各种各样的霜，在一点一滴的谋杀着你的钱包，如何在节约开支的情况下，得到为自己美丽加分的化妆品呢？

一、买刚推出的新产品和试用品

细心的女性都会发现，市面上刚刚推出的新产品和正在创牌子的化妆品，不但质量好而且价格便宜，尤其是国内的著名品牌和国际大品牌在推出新产品的时候，都会尽量低价，以此吸引更多顾客。

倩倩是个非常忠实的、各种牌子化妆品的购买者，不过聪明的倩倩却常常不用花很多钱，原因就是她常常利用新品上市的时机，并且时时关注试用品的赠送。

"VOV"是韩国本土乃至整个亚洲最受欢迎的美容护肤及彩妆品牌，有着近四十年历史，它的产品不断推陈出新，引领韩国甚至整个亚洲的美容化妆潮流。

倩倩就是个铁杆的VOV购买者，但倩倩的购买时间都是在VOV刚推出新品的时候，每当市面上推出VOV新品时，总是以极其低廉的价格吸引顾客，这时的倩倩往往能买到心仪的化妆品，不仅质量精良，还能省下不少的钱。

小西是"悦诗风吟"化妆品的忠实粉丝，这家韩国最大的化妆品公司，每年冬天都会在商场专柜推出新品。有一次，小西在新品销售的时候，买了一套"爱肤特"，不仅价格便宜，并且重量也比平时多了一倍。看着自己日渐白皙的脸庞，想着自己省下的白花花的银子，小西那个开心呀！

另外还有一些化妆品，比如欧莱雅、美宝莲、倩碧、玫琳凯等等，经常赠送试用装，有时候还在网站上进行限时限量抢购，少花钱甚至不花钱就能得到自己心爱的化妆品。

简佳是个化妆品很多，但花钱很少的女孩，了解的人都知道，简佳的很多化妆品都是各种各样大品牌的免费试用装，并且简佳还是资深的秒杀一族，常常能在网站上以极低的价格，秒杀到限量版的名牌化妆品。

像雅诗兰黛、欧莱雅、美宝莲、倩碧、玫琳凯等大品牌常常在推出新品的时候会赠送试用装，有时是在他们的官方网站上，有时是在各大商场的销售专柜里。简佳的消息极其灵通，时常关注这方面的信息，在各大化妆品的官方网站上注册成会员，每每有赠送活动时，简佳总会得到想要的一份。

有一次，DHC在其官方网站上赠送各种粉底、面霜的试用装，这下让简佳乐坏了，她这次获赠的化妆品够她用一个月了，质量好不说，简佳没有花一分钱。

还有的时候，网上一些大牌的化妆品为了刺激销售，会通知网民限时限量秒杀。有一次，资深的秒杀客简佳竟然以10元钱购得雅诗兰黛的一瓶美白爽肤水，乐哉爽哉！

在简佳所在的城市，很多商场的化妆品专柜，她都了若指掌，每每某品牌化妆品以极低的促销价限量抢购时，简佳总是能拔得头筹，胜利而返。

这样一来，聪明的简佳，用的都是大牌的化妆品，花得却少之又少了。

二、购买换季产品

换季产品减价销售是化妆品行业的惯例，有些产品是属于季节性的，比如防晒品、润唇膏等，前者用于夏季，后者则是冬季使用。这样，每当换季的时候，商家为了避免商品积压，都会主动减价销售。

由于化妆品在没有开封之前保质期是相当长的，一般是一至两年，所以在换季时购买，不仅在来年使用时不会变质，还相当划算。

小夏是个很会抓住换季购买时机的都市白领一族，每当她流连于各化妆品专柜之间时，总是为高昂的价格而叹息。但慢慢地，她发现一个规律，每当季节更迭时，很多的化妆品都会比平时便宜三分之一。

从此，小夏就牢牢抓住这个机会，夏天快要过完的时候，小夏就去采购各种之前心仪的防晒品，不仅价钱便宜，保质期还是二三年，来年、后年都可以用。冬天快要过完的时候，小夏就去买润唇膏，这时，很多的高端品牌价格也便宜得超乎想象，来年冬天使用的时候，心里乐开了花。

还有一些冬季润肤的乳液，夏天的时候就不再使用，小夏就在冬季结束的时候将它们购回家中，真是省钱又用得好。或者是夏季用的清爽系列的爽肤水，会在夏季结束的时候大打折扣，这时再购买，小夏觉得真是便宜到家了。

购买换季产品真的是个不错的省钱办法，但在购买时一定要看清保质期限，以免买了之后不能用，造成浪费。

三、老品新品搭着用

换季时节，化妆包里难免会残留一些还未用尽的上季产品，这些产品没有过保质期，是可以再使用的，但一直使用，可能对皮肤的保护显得单一，这时，如果搭配新品一起使用，就会起到很好的效果，还能省下再购买的钱。

如何用老品来搭配新一季的产品，达到最好的护肤效果呢？举一个关于不同质地保湿品混合使用的例子吧。

进入春季后，皮肤的油脂分泌量会增加，厚重的霜类可能不太易于吸收了，会给皮肤造成一定负担。所以，改用轻薄的乳液一定是很多人的选择，冬天没有用完的霜就扔掉吗？

其实，可以将多余面霜作为补充产品使用，涂抹在仍然特别干燥的部位，如嘴角、面颊、鼻头、眉心等等。而对于那些油性皮肤的朋友来说，也许天气刚热，就油得不行了，建议可以购买一些啫喱类的控油型产品，在特别容易出油的T区使用。所以说，换季时节不好偷懒，要注重分区保养。

初春是个气候不稳定的时节，一会儿冷一会儿热，不用一次更换所有保养品，作重点、逐步的替换和调整，待天气更稳定时，再全套更换所使用的产品。

化妆品老品新品搭配使用，开始只是停留在"商家带动同一品牌系列销量"的可疑阶段，虽然后来具有导入能力、能促进后续化妆品吸收的产品系来势汹汹，却也没有扭转精明女人对"一定要搭配起来才好用"的怀疑。

直至近来全球各大化妆品品牌纷纷推出护肤组合，语气硬、底气足，而且真的理据十足，由不得人不信！这里总结出了以下几个老品新品搭配的原则：

（1）成分类似（成分互补促进）

春季补水、防敏，夏季美白、防晒，秋季修护、保湿，冬季滋养、抗衰，根据以上规律选择各品牌成对组合的护肤品是最精准的。如果自己选择搭配使用，则首先注意成分，如能抗皱的氨基酸会妨碍抵抗紫外线的功效，这样的两种产品就不能在一起使用。

（2）使用手法简单有序（物理手法先后有序）

根据使用顺序配对也很关键。保养品基本上是按清洁、化妆水、精华液、凝胶、乳液、乳霜、油类产品这样的先后顺序使用的。特别要注意的是油霜类的产品，分子较大，涂后会在肌肤表面形成一层膜，如果先涂用此类产品，分子较小的水状、精华液类的产品就很难再被肌肤吸收。

（3）一瓶里的成分难免缺憾（分装配用突破科技难题）

老品弃之可惜，再购买显得浪费，搭配使用是最好的办法，但在搭配使用时，也要注意根据化妆品中各种成分的含量进行组合使用。老品新品中，一瓶内的化妆品成分不可能涵盖所有，搭配使用，则互相补充，达到良好的效果。

（4）搭配使用步骤要注意（搭配理据充分、简化可行）

搭配使用时，不可简单混合使用，一定要注意使用的步骤，这样才可以达到好的美容效果。比如洗完脸之后，一定要先擦爽肤水，然后再涂乳液，然后擦粉。使用步骤很重要，一定要按部就班，才能美丽动人。

四、学会为化妆品保鲜

为化妆品保鲜，不仅可以让化妆品使用起来效果更佳，还能避免化妆品失效，节省频繁购买的钱财。

1."保鲜"方法

（1）不同产品不同保鲜期

很多品牌的化妆品的包装上面都有一个开封的小圆盒标志，上面写着6M、12M之类的字母，表示开封后产品能够保证在多少个月以内新鲜有效。每个产品都有属于自己的保质期，所以一定要仔细阅读。

粉底液：可使用1～2年，但如果质地变浓稠或产生异味，就一定要换新的了。可存放在室温下，避免阳光直接照射。

眼影：膏状眼影可保存1～2年，粉质眼影的寿命则长很多。眼影可存放在室温下，但应远离阳光照射。

睫毛膏：开封3～6个月后应该停止使用。变干后自己添加液体稀释的行为要不得，如果挥发成分误入眼睛，严重的可导致失明，没必要为了这点钱用健康冒险，一定要注意。

腮红：膏状胭脂可保存1年，胭脂粉则可使用3年。

口红：要放在远离阳光照射之处，室温或冰箱均可。使用期限在3年以内。这可是会吃进肚子的化妆品，新鲜度一定要重视。

指甲油：通常可用上1年，或直到它浓稠到难以再涂，用洗甲水稀释后再使用虽然可以延长使用时间，却会使产品变质。

乳霜：开封后应在1年内用完，如果直接用手从瓶中取用，会加速变质。

乳液：乳状乳液也可使用1年，水状乳液则变质较快，一旦出现异味就表示不再新鲜了。

眼霜：最多可使用1年，如出现油乳分离或产生异味，则可能意味着眼霜中的油分已变质。眼霜也是高危产品，使用时不小心可能入眼，一定要选用安全的产品。

防晒霜：不开封可存放使用2～3年，但开封后的防晒霜最好当年用完。

香水：通常开封后保鲜期为1年左右，贮存于室温下，应避光、避热。

（2）保鲜总原则

①清洁：用清洁的手使用产品，或者用专用工具取用产品，避免与他人混用。

②防晒：避免日光直射产品，否则容易使油脂和香料产生氧化并破坏色素，彩妆品更应该避光保存。

③防高温：避免将美容品放在高温地方。35℃以上的高温会使化妆品的乳化体遭到破坏，造成脂水分离，使化妆品变质。

④防冻：温度过低会使化妆品中的水分结冰，使乳化体遭到破坏，融化后质感变粗变散，失去化妆品原有的效用，对皮肤产生刺激。

⑤防潮：过于潮湿的环境使含有蛋白质、脂质的化妆品中的细菌加快繁殖，发生变质。

2.化妆品保鲜的误区

①所有产品都存放在冰箱内。过低的温度不仅对化妆品完全没有好处，同时进进出出的温差，反而会促使化妆品提早变质。

②浴室内堆满护肤和化妆品。浴室内的高温和高湿度会使得产品更容易变质。

③产品乱乱地堆放在一起。积压产品、放倒产品，会使得液体流动，更容易造成质地改变。

④购买大瓶包装。开封不容易使用完，每次使用，瓶中的产品都会接触到空气，加速变质。

第二节 自制美容用品，简单又好用

日常生活中，很多我们随处可见的物品，其实是很好的护肤美容用品，又新鲜又好用，对皮肤的刺激也小，甚至比购买的化妆品的效果更好，还不用我们花费多少钱，何乐而不为呢？

很多的物品都可以被我们加以利用，来制作成各种各样的护肤品，简单又方便，带给你美丽，还不给你经济压力。下面我们介绍一些自制护肤品的材质和方法，以供参考。

1.眼部

可用接骨木花、橘子籽等制成亮眼凝露，制作如下：

材料：干燥接骨木花1茶匙，接骨木花具有很好的收敛、抗浮肿功能，拿来泡茶喝，也能消除身体浮肿，有利尿的功效；橘子籽约150颗～200颗；橘子籽富含保湿的植物果胶，能够结合水分形成凝胶状物；伏特加酒或gin酒（可用其他高度酒代替，如二锅头）25ml（5茶匙），可溶解接骨木花及橘子籽的有效成分，并发挥清凉收敛肌肤的效果。纯净水25ml（5茶匙）；化妆品级抗菌剂0.2～1ml。

制作方法：将所有材料一并加入空瓶中，加盖密封约2～3星期后会结成凝胶状，再用纱布将残渣清除，将制作好的眼胶置入干净空瓶中即可。

适用肌肤：各种肌肤。

2.唇部

（1）薄荷精油护唇膏

材料：凡士林15ml(3茶匙)，薄荷精油2～5滴，尤加利精油2～5滴。

制作方法：将凡士林加热熔化(隔水加热)，再加上植物精油均匀搅拌，倒入小面霜罐中，待凉后凝固即可使用。

功效：滋润唇部，防止唇部干裂疼痛。

适用肤质：干燥的唇部肌肤。

薄荷对唇部来说，也有很好的清凉止痛作用，并且能促进皲裂的唇部肌肤愈合。将这两种成分调和凡士林之后，就能成为一种相当省钱又好用的护唇膏了。

(2) 红酒唇颊露

材料：红酒或玫瑰红酒100ml(20茶匙)。

制作方法：将酒置入锅中慢慢加热煮沸，直至酒蒸发到约剩下10～15ml，再将煮过的酒倒入空瓶中即可。

功效：修饰唇部及脸颊，为脸部带来红润的好气色。

适用肤质：各种肌肤。

这是一款非常简单的自制天然液状唇彩与腮红，只要使用家里喝剩的红酒或玫瑰红酒就能制成。

(3) 蜂蜜保湿护唇蜜

材料：蜂蜡5ml（1茶匙），蜂蜜30ml（6茶匙），天然植物油10ml（2茶匙），简易乳化剂1ml（约1/4茶匙）。

制作方法：先在碗中加进植物油、蜂蜜及蜂蜡、放进锅里隔水加热1～2分钟，直到蜂蜡溶解为止。然后趁热将加热的油及蜂蜡倒入面霜罐，加入简易乳化剂用力摇晃均匀，待凉后凝固即可使用。

适用肌肤：干燥的唇部肌肤。

3.脸部

(1) 酸奶——麦片面膜

材料：2汤匙原味酸奶，1汤匙麦片，1汤匙蜂蜜。

酸奶含有乳酸（一种α－羟基酸）和许多营养成分，能温和地刺激皮肤产生胶原蛋白。麦片和蜂蜜则起滋润的作用。

制作方法：将各种成分搅拌均匀呈糊状，为了避免麦片成块，可先将其碾碎成粉末（如使用咖啡碾磨器）再与其他成分混和。

用法：洁肤后，将制成的混合物涂在脸上并做环形按摩，停留1～2分钟后洗净。

(2) 酸奶——芦荟治疗面膜

材料：半杯原味酸奶，2汤匙芦荟胶液（或1片新鲜芦荟叶）。酸奶含有乳酸（一种α－羟基酸）和许多营养成分，能温和地刺激皮肤产生胶原蛋白。芦荟是一种良好的滋润剂，并含有消炎物质。这种面膜特别适用于敏感型皮肤。

制作方法：将各种成分搅拌均匀呈糊状。

用法：洁肤后，将制成的混合物涂在脸上并做打圈按摩，停留1～2分钟后洗净。

(3) 菊花面膜

菊花内含有丰富的香精油、菊色素，可有效抑制皮肤黑色素的产生，柔化表皮细胞。一可将菊花制成花粥内服；二可将菊花捣烂与蛋清拌匀敷面，能美白肌肤，去除皱纹。

(4) 李花面膜

李花花色洁白秀丽，味苦气香，将其捣烂与少许蜂蜜调匀后敷面，可使肌肤细腻嫩白。

(5) 洁牙粉毛孔紧致面膜

材料：高岭土2茶匙(绿豆粉、黄豆粉皆可)，洁牙粉1/2茶匙，蛋白约3茶匙(偏干性肌肤可将蛋白、蛋黄混和后再添加)。

制作方法：将材料混合均匀搅拌。

功效：洁净肌肤毛孔，让肌肤细致光滑。

适用肤质：中油性肌肤。

洁牙粉含有类似碳酸钙的摩擦剂，可以深层洁净毛孔的污垢，让粉刺开口从而顺利排出，借此达到缩小毛孔的功能。

(6) 酵母酸奶面膜

材料：酵母粉1茶匙，原味酸奶2茶匙。

制作方法：将材料混合搅拌均匀。

功效：柔嫩肌肤，促进肌肤新陈代谢，使毛孔细致。

适用肤质：各种肌肤。

酵母粉含有丰富的B族维生素，能促进肌肤的新陈代谢，而酸奶则含有天然乳酸成分，不仅是一种很好的肌肤保湿剂，同时还能加速肌肤的再生，让老废角质脱落。

(7) 番茄酱蛋白紧肤面膜

材料：番茄酱2茶匙，蛋白2茶匙。

制作方法：将番茄酱与蛋白调和均匀即可。

功效：红润紧实肌肤，防止肌肤老化。

适用肤质：各种肌肤，推荐暗沉松弛的肌肤使用。

这个方便又快速的面膜，便是运用番茄酱加上蛋白调制而成，具有紧肤及抗氧化的功效。

(8) 水果面膜

从新鲜水果中提取的果酸具有立竿见影的亮肤作用。只需要使用任一种多汁且新鲜的无核小水果。

例如取25克细磨麦片，25克细磨杏仁，50克自行选择的无核软水果或蔬菜(草莓、树莓、杏、桃、李子、蓝莓、黄瓜、莴苣、西红柿)，切碎且磨成糊状，再准备适量的纯净水、矿泉水或雨水。

制作时，先将干配料放入碗中并充分搅拌。然后加入切碎并捣烂的水果和（或）蔬菜，搅拌并使之充分混合。最后，加入适量的水并将混合物调成糊状。

使用时，将面膜涂抹于面部并轻轻按摩，避开眼部和嘴唇周围。放松10～15分钟，然后用温水充分洗净，拍干水分并按照日常护肤的步骤涂上保湿霜。

(9) 自制玫瑰水

自制的玫瑰水虽然价格低廉，却是干性肌肤所需要的全部调色剂和

省钱大作战

shengqiandazuozhan

润肤水。如果你想自制货真价实的玫瑰水，事先需要准备好蒸馏装置。蒸馏几小时后，植物中的油将蒸发出来，然后冷却，最后将得到纯正的玫瑰水。

取未喷药的新摘玫瑰花，制作时，先将若干玫瑰花瓣放入双层锅内，至其容量的一半，然后倒入纯净水、矿泉水或雨水。加盖并用文火慢蒸一小时。而后，取出内桶并放置冷却，再用双手挤压玫瑰花瓣将汁液挤尽。滤去使用过的花瓣，然后在桶内加入新的花瓣重复上述操作。

待到再次冷却后，将玫瑰水过滤倒入经消毒的瓶子或广口瓶中。按照以上程序，你得到的玫瑰水依然散发玫瑰的香味，不过数量不多。自制的玫瑰水应该可以保存1～2周，冷藏保存的时间则更久一些。因此你每次只需要制作很少的量。

(10) 香橙补湿化妆水

材料：香橙1个，日本米酒360ml。

将香橙切片放进米酒中，用保鲜纸将瓶口封住，放置1晚。第2天用滤网将香橙酒过滤，即成具神奇功效的化妆水。

香橙含丰富的维生素C，具有防止老化及皮肤敏感的功效。而略带油光、容易受外界物质刺激的敏感肌肤，尤其适合选用含香橙精华成分的护肤品。此外，它还具再生、滋润、抗老化及调和自由基的作用，更能有效补充眼部水分。

(11) 尿素保湿美肌水

材料：尿素1茶匙，尿素是一种相当好的保湿成分，存在于肌肤的角质层中，属于肌肤天然保湿因子的主要成分；纯净水90ml；1茶匙甘油，甘油有很好的保湿功效。

制作方法：放入瓶中摇晃均匀即可。尿素具有抗菌功效，不需加抗菌剂。

适用肤质：各种肌肤。

(12) 草莓滋润防皱护肤液

材料：草莓50g，鲜奶1杯。

将草莓捣碎，以双层纱布过滤，将汁液混入鲜奶中。拌匀后将草莓奶液涂于皮肤上并加以按摩。保留奶液于皮肤上约15分钟，以清水清洗干净。

此为瑞士护肤古传秘方之一，既能滋润、清洁皮肤，更具温和的收敛作用及防皱功效。

(13) 茉莉花清爽液

取未全开的花朵浸入冷开水中，秘封静置数日后，兑入少许医用酒精即成。洗脸后拍在脸上，可收缩毛孔，清爽肌肤。

(14) 百合美白液

将百合花瓣装入容器内，注入医用酒精后秘封，一月后，以2倍的冷开水稀释，对皮肤有美白作用，尤其对油性皮肤效果更佳。

(15) 桃花护肤液

桃花是最好的养颜妙品，内含丰富的山奈酚和香豆精。将新开的花朵浸入白醋中或低度纯粮酒内，静置，液色微红后即成。洗脸后，取少许甘油与之相揉擦脸。用之洗面亦可，内服尤佳，可延缓衰老，使人面若桃花，增添娇色。

(16) 玻尿酸保湿精华液

材料：1%玻尿酸水溶液20ml（4茶匙），1%的玻尿酸水溶液只要加水稀释成0.2%的精华液，就具有相当好的效果；纯净水80ml（16茶匙），可以替换为玫瑰花水，使用起来就有天然的玫瑰气息；凝胶形成剂（速成透明胶）1茶匙；化妆品级抗菌剂0.2～1ml。

制作方法：将所有东西倒入瓶中，摇晃均匀后即可使用。添加速成透明胶时，必须用力摇晃数分钟，才能将透明胶充分分散于精华液之中。

适用肤质：各种肤质，特别推荐缺水性肌肤使用。

(17) 维生素A抗皱面霜

材料：维生素A酯1ml（约1/4茶匙），是近年来保养品界最走红、最有效的全方位抗皱成分，能促进肌肤的新陈代谢，增加真皮胶原蛋白的制造，不可因贪心添加过多，以免刺激肌肤；硅灵油或天然植物油10ml（2

茶匙），建议油性肌肤选择硅灵油，干性肌肤选择使用晚樱草油、琉璃苣油；简易乳化剂1ml（约1/4茶匙）；甘油5ml；纯净水85ml（17茶匙）；化妆品级抗菌剂0.2～1ml。

制作方法：将材料置入面霜空罐并搅拌均匀，最后添加抗菌剂，再摇晃均匀即可。

适用肌肤：各种肌肤。

(18) 玫瑰保湿霜

完美保湿晚霜是为饥渴的肌肤准备的。如果你喜欢，还可以在使用玫瑰的同时加入10滴乳香香精油。乳香以其防衰老的功效而著称。取两大把新鲜有香气的玫瑰花瓣、50毫升甜杏仁油或纯橄榄油、5克蜂蜡颗粒或碾碎的蜂蜡、1茶匙麦芽油、15滴玫瑰精油。

制作时，先将玫瑰花瓣放入广口玻璃瓶中，并倒入甜杏仁油。然后将勺子伸入瓶中将花瓣捣碎，开始浸渍并密封。而后，将广口瓶放置在每天能接受日光照射的地方(朝南的窗台最为适宜)，日照能够加快浸渍的过程。3周后，过滤出玫瑰浸油。

然后开始制作保湿晚霜，先将蜂蜡放在装有玫瑰浸油的双层锅内，然后加热直至蜂蜡熔化。之后，从火上移开并使其稍稍冷却，再倒入麦芽油和玫瑰精油。接着再冷却1～2分钟，最后倒入经消毒的玻璃广口瓶中，直至完全凝固。瓶内混合物将会凝固，但手一摸便会乳化，从而很容易为皮肤所吸收。

(19) 芦荟洗面奶

取30毫升芦荟胶、50毫升橄榄油、30毫升玫瑰水、4滴玫瑰香精油、2滴葡萄柚子提取物，制作时，将所有的配料放入食品加工机中混合均匀，然后倒入小瓶内。最好放入冰箱内保存。由于内含的各种成分在放置时可能分离，因此在使用前需充分摇匀。

使用时，先取适量涂抹在脸部和颈部并轻轻按摩，然后用细棉布擦拭干净或用清水洗净。

(20) 芦荟保湿洁面胶

材料：芦荟萃取液50ml（10茶匙），将芦荟叶片洗净、切除外皮取中间胶质部分，用果汁机搅拌成汁并用滤纸过滤残渣即可；甘油5ml（1茶匙）；椰子油起泡剂40ml（8茶匙），泡沫比较少，是一种两性离子的界面活性剂；凝胶形成剂1茶匙，纯粹是为了创造出较为黏稠的形态，添加与否并不影响清洁效果；化妆品级抗菌剂0.2～1ml，为了长久保存芦荟萃取液，这样可置于室温保存。

制作方法：将所有东西倒入瓶中，摇晃均匀后即可使用。添加速成透明胶时，必须用力摇晃数分钟，才能将透明胶充分分散于洁肤胶之中。

适用肤质：各种肌肤。

（21）树莓亮肤露

树莓能起到轻柔去角质的作用，而酸奶中的乳酸则具有使肌肤亮泽的功效。取2汤匙原味酸奶、75克树莓、3滴甜橙香精油。

制作时，将树莓放入食品加工机中处理，然后用筛网将果汁过滤至碗中，保留果肉和种子。之后，将果肉和种子加入酸奶中并搅拌均匀；最后加入数滴甜橙香精油并再次搅拌均匀。

使用时，洁面并将制作好的亮肤露涂抹在面部，避开眼部和嘴唇周围。保持15分钟，然后用温水浸湿的细棉布轻轻擦拭，最后冲洗干净。

（22）苹果消痘贴

如果你的肌肤上有痤疮，那么处理方法再简单不过了。先将沸水倒在一片苹果上，等几分钟直至苹果片变软。再将之从水中取出，待其冷却至温热时贴于痤疮上，保持20分钟，之后取下，最后用湿润的棉绒垫轻轻擦拭干净。

第三节 回收替代，省力省钱

化妆品是一种高档的消费品，用不完或是过期之后，弃之可惜，但只要我们懂得回收利用，便可变废为宝，将化妆品用到其他的方方面面，产

生让我们惊喜的效果。

另外，化妆品有的是可以一物多用的，善用替代品不仅可以产生良好的效果，还能省下一大笔购买各种化妆品的钱财。

一、变废为宝更省钱

化妆品过期之后，不一定得扔掉，其实很多过期的化妆品可以用在其他很多地方，变废为宝，并且产生很好的效果。

1. 所有的过期化妆品

所有过期的化妆品都可以涂抹在脚上，那是饱受冷落的脚丫的盛宴，对足部的皮肤非常好。

2. 乳液

妙用一：脚部护理。我们脚部的皮肤比较厚，平时也得不到好的保养，把过期的乳液涂在脚上，按摩使其吸收，让平时得不到照顾的脚也享受一场盛宴哦

妙用二：保护指甲。用化装棉蘸满乳液后包裹指甲，15分钟左右取下，可以让指甲变得十分亮泽，而且有益指甲的生长。

妙用三：护理头发。将乳液涂在发尾处，可以防止分叉，而且可使头发变得柔软，给你一头柔顺飘逸的秀发。

妙用四：护理皮具。把乳液薄薄地均匀涂抹在皮性的手袋、钱包上，就可以起到保养的作用。比如在穿新鞋之前，你可以使用一些油性面霜代替鞋油擦鞋，这样能够很好地保护皮面。

妙用五：可以用来搽脖子，搽身体。

妙用六：可以倒在面膜纸上或者化妆棉上，当面膜用。

3. 香水

妙用一：把过期的香水放在包包里当防狼喷雾，要是路上遇到色狼想图谋不轨，对准他色迷迷的眼睛猛喷，然后在他措手不及之际赶快跑掉。

妙用二：睫毛膏干掉了，扔了怪可惜的，在上面滴两滴香水，然后摇匀，就又可以用啦！不过如果你眼部比较敏感，最好选择用温水，也可以

达到以上效果。

妙用三：因为香水中含有酒精，我们可以用抹布蘸点香水然后擦镜子或者灯罩之类，很干净哦，擦完后还会留下淡淡的香气。还有就是喷在化妆棉上，可以擦拭胶带留下来的痕迹。

妙用四：喷在洗手间、房间、车里，当作空气清新剂使用。

4.化妆水

妙用一：爽肤用品含酒精的可以抹梳妆台，抹油腻的餐桌、瓷砖、抽油烟机，之后用干净的抹布擦一遍。

妙用二：保湿用品可以用来抹皮鞋、皮包、皮沙发；化妆水擦镜子，非常干净！

妙用三：如果只是香味不对路，就用它泡面膜敷脸吧。

妙用四：干脆把它变成喷雾。买个空喷瓶，将爽肤水倒进去，刺破两个维生素D胶囊，然后加在里面，一瓶滋润喷雾就诞生了。

妙用五：如果你的乳液和爽肤水是同一系列，完全可以把爽肤水加到所剩不多的乳液里去，再用力摇匀，这样乳液就变成精华素了。

妙用六：吃了火锅，头发上留下了味道，用化妆水在头发上喷几下，再用纸巾吸干，火锅的味道就变成化妆水的香味了。

5.洗面奶

可以用牙刷蘸着刷衣领衣袖，还可以刷洗旅游鞋。夏天来了，过期洗面奶还可以涂在要去毛的部位，做剃须膏用。

6.面霜

可以护理皮具，涂在发尾可以当作护发素使用。

7.粉底，散粉

用一个精致的布袋把它们装起来，放在衣柜里或是鞋子里，可以去潮气。地毯上洒了水呀油呀果汁什么的，可以先用这个散粉包压一下，就非常好清洁了。

8.沐浴露

用沐浴露洗浴缸很干净！

9.洗发水

可以洗羊毛衫。

10.面霜、护手霜、唇膏等霜膏类

妙用一：晚上清洁爽肤后，涂一层厚厚的面霜在脸上，大约一个硬币的厚度。再在脸上敷一层保鲜膜，敷大约十五分钟。然后，擦去多余的面霜，脸上会非常滋润，让你感觉非常舒服。

妙用二：把面霜放进冰箱，来年冬天护理皲裂的脚跟。具体方法是晚上临睡前为脚部去死皮后，涂抹一层滋润面霜，再用保鲜膜将脚包裹起来或者穿上棉袜安心睡一觉，第二天你会发现脚后跟的皮肤变得如婴儿般柔嫩了。

妙用三：用不完的护手霜可以当皮革的护理油，它让包包或者皮鞋变亮的程度，并不比专业护理油差。

妙用四：唇膏不想用了不要丢，用在手肘、脚后跟这些地方，完全可以把你脚后跟起皮的干燥感平复，滋润度很强。

妙用五：膏霜类的产品都可以用来作脱毛打底涂的滋润产品，洗完澡后在身上涂上厚厚一层，之后再冲洗掉，就好比在美容院做了一次专门的体膜。

11.美白淡斑精华素

美白淡斑精华素虽然用在脸上敏感，也许用在身体上就没有那么敏感。它去色素沉淀的功效还是不错的，试试用它去手臂上或腿上因为某次不小心留下的难看的疤痕吧，效果非常的好。

12.眼膜

过期眼膜除了达不到去黑眼圈的目的，其实里面的营养成分还是很丰富的，把它贴在唇角或法令纹处，有很好的减淡纹路的作用。

13.口红

妙用一：如果是深咖啡色的口红，可以用来修饰脸部轮廓，甚至比用粉更加贴妆，而且颜色柔和，不会太深太明显。用刷子蘸上口红后首先从颧骨的发际处开始，往嘴角涂，能勾勒出小脸的效果。颜色可以慢慢加深，要注意面积，不要一次刷得太多。

妙用二：可以把口红当作眼影，如果你是双眼皮，直接用刷子蘸取，就像平时画眼影一样，在双眼皮之间、贴近睫毛的部分可以颜色重些，然后慢慢变浅、变淡。如果是单眼皮，就只能用在眼头和眼尾处，不能用在中间，否则会显得双眼比较浮肿。

14. 破碎的散粉、眼影、腮红等粉状化妆品

妙用一：将碎掉的粉倒进碗里，这个时候，如果粉摔得不是很碎，就要把它弄得越碎越好，最好磨成均匀的粉末，然后滴几滴橄榄油和10滴左右90%的酒精，将混合好的粉末倒进新的盒子里，用保鲜膜盖好、压紧。酒精挥发后，粉饼或者眼影就会重新变回你买回来时候的样子了。

妙用二：如果你不喜欢这个颜色，也是可以改变的。方法同上，但有一个步骤很重要，就是根据你想要的颜色加入一些新的东西。

如果你觉得颜色太红了，就加入适量的蜜粉；如果你觉得颜色太暗了，就加入磨细的珍珠粉；如果你想加入一些彩色，就加点云母粉，云母粉有很多种颜色可以选择；如果你想要有珠光效果，那就加一点珠光剂吧。

15. 遮瑕膏

把遮瑕膏刮出来，放在一个干净的小盘子里，然后混入少量眼霜拌匀。添加眼霜的分量得根据遮瑕膏变干的程度来看，一般约为1：1。

16. 睫毛膏

把睫毛膏拧紧，泡入热水中大约十分钟，打开会发现里面的液体又出来了。但是不要把维生素E、橄榄油、化妆水随便倒入睫毛膏中。这些东西可能会和睫毛膏中的液体发生化学反应。

二、善用替代品

善用替代品，最好的一个例子是买一种中档保养品中的精华保湿露代替昂贵的眼霜，专门用于睡前眼部滋养，效果相当好。另外可以用婴儿油代替沐浴后的全身滋润霜，价廉而又无刺激性，还可以自购一些卫生棉剪

成许多小圆片，代替化妆棉来卸妆。

以下为您介绍几种化妆品一物多用、替代使用的方法。

1.粉饼

我们经常会在专柜小姐的诱惑下，冲动之下就买了粉底液或者粉饼，结果回家一用才发现，不是太白就是太暗，与本人肤色相差太大，可是，化妆品这样的东西是不能退换的，怎么办？送人很难吧，可是扔在那儿实在可惜，那么我们就要开动脑筋好好利用了！

一般的方法是，太白的就当高光，涂在额头、鼻梁、下巴、颧骨上。要是颜色太暗，就用来打阴影，涂在鼻翼、两腮。如果觉得麻烦，干脆就用来涂脖子，一般人的脖子都比脸黑，所以不喜欢的粉就用来涂脖子好了！

2.眼影

偏咖啡色、大地色系的眼影可以拿来作为眉粉使用，还能当修容粉。像东方人鼻梁比较塌，选择棕色眼影从眼头轻轻往下带一点点，要很轻很淡，千万不要下手太重，能起到挺拔鼻梁的效果。

选择正确颜色的眼影，不仅可以让你的眼睛更有神，同时也可以为自己省下一笔彩妆钱哦。可以把眼影当眉粉用，先用刷子蘸上眼影粉，去掉一些余粉，从眉峰往眉尾和眉头两边画，然后再用眉刷刷几下，使它更自然些。带有亮粉的眼影也可以做闪粉用，如果想要闪闪发光，就可以将其涂在脖颈或锁骨处。

眼影不仅可以用作胭脂，而且还可以作为眉笔、眼线笔、颊影等多种用途使用。

3.BB霜

起源于德国、茁壮成长于韩国的BB霜集护肤与彩妆于一体，基本集合了"粉底+隔离+遮瑕+护肤"的功能。多重功效，一样BB霜就可以搞定了。这样就可以为你省下了部分护肤品、防晒霜还有粉底液的资金了！一物顶多物用，觉得是值得啊！

BB霜是一种自然护理产品，滋润皮肤，给予有缺点的皮肤自然的遮瑕效果，含植物性维他复合体专利营养成分，有效提高皮肤免疫力，滋养保湿，达到镇定的效果。可同时代替防晒、隔离和粉底，除去以往繁杂的化妆程序，让您的化妆一步到位。

4.唇膏

小小的唇膏也是有很多用处的。除了可以滋润唇部外，还可以用眼影刷蘸上唇膏，在手掌上涂匀后再在眼部轻刷。除此以外，将唇膏与润肤露混合后，再用腮红刷刷上脸颊也可以，为了保证色彩匀称，在扫向两颊前，也须在手掌鱼际部位去除多余霜露。

如果没带指甲油出门，或者指甲油颜色没法和口红搭配，你可以用不脱色唇膏直接涂抹在指甲上（当然，要涂抹得均匀，借助唇刷更好），然后再上一层透明指甲油，等待自然干透，你就获得完美搭配唇膏的甲色了。

5.唇彩

单独作为唇彩使用，或者搭配你最喜爱的唇膏，为微笑增添神奇迷人的魅力。

当眼影：选用透明色唇彩，用手指或唇刷薄薄覆盖在上眼睑。注意下眼睑则尽量避免，否则会让眼睛显得浮肿。

当腮红：用无名指和中指轻轻拍一点唇彩到脸颊上就OK。淡粉色、淡橘色、透明色唇彩效果都一样好，但要注意避免有大颗闪光粒子，它会让你的脸肿一号。

6.睫毛膏

当眉膏：将睫毛膏顺着眉毛走向轻刷一遍，能让眉毛自然变浓，并让眉毛更立体；你还可以在眉尾部分稍稍多刷几次，能有效拉长眉型，修补很多女性眉尾光秃秃的烦恼。如果想要更出位的感觉，在眉毛末端多刷几次，能让眉毛小簇小簇立起，非常流行。

7.遮瑕膏

当粉底：在选择上要保湿效果加倍，以免太干有龟裂的感觉。使用遮瑕膏在T字部位、眼睛下方三角形区域及下巴处加强，这些地方都是受光

强的地方，加强这几个地方除了可遮黑眼圈也可以让妆感薄透。

第四节 素面也美丽，无妆胜有妆

清水出芙蓉，天然去雕饰。古往今来，文人墨客的笔下最美丽的女子总是像那刚出清水的芙蓉花，质朴明媚，毫无雕琢装饰。万花丛中，百合最美；万千衣袂，只有一袭白衣最是动人。

再昂贵化妆品的修饰，也难比素面朝天的清新可人。爱美的人们，追求自然，多运动，怡养自己的心性，如此，即使素面，也是美丽伊人，无妆胜有妆。

一、自然最美，素颜最真

金庸笔下的女子，美貌的多是身着白衣的女子，在描述小龙女时，他写道："她长年披着一袭轻纱般的白衣，犹似身在烟中雾里，除了一头黑发之外，全身雪白，面容秀美绝俗。"小龙女一生爱穿白衣，天姿灵秀，似非尘世中人。

没有丝毫妆饰的小龙女美得惊心动魄，让人叹为观止。其实不管你用多么昂贵的化妆品，也不如那干干净净的自然、那清清洁洁的素颜。素颜最真，自然最美。无论潮流如何更改，无论时尚怎样变迁，素颜之真、自然之美总是不会改变，人们的心中永远地喜爱那种自然美。

当年杨贵妃的姐姐虢国夫人，自恃美丽，见了唐明皇也不化妆，所以就被称为素面朝天。万千粉黛中，唯有素颜最是动人。

素面朝天是每一个人都可以选择的一种生存方式。我们周围的每一棵树、每一叶草、每一朵花，都不化妆，面对骄阳，面对暴雨，面对风雪，它们都本色而自然地美丽着。

毕淑敏曾写她的一位化妆的女友："见她洗面，红的水黑的水蜿蜒而下，仿佛洪水冲刷过水土流失的山峦。那个真实的她，像在蛋壳里窒息得过久的鸡雏，渐渐苏醒过来。我觉得这个眉目清晰的女人，才是我真正的朋友。片刻前被颜色包裹的那个形象，是一个虚伪的陌生人。"

写她认识的一位女郎："盛妆出行，艳丽得如同一组霓虹灯。一次半夜里我为她传一个电话，门开的一瞬，我惊愕不止。惨亮的灯光下，她枯黄憔悴如同一册古老的线装书。"

"'我不能不化妆。'她后来告诉我。'化妆如同吸烟，是有瘾的，我现在已经没有勇气面对不化妆的我。化妆最先是为了欺人，之后就成了自欺。我真羡慕你啊！'从此我对她充满同情。我们都会衰老。我镇定地注视着我的年纪，犹如眺望远方一幅渐渐逼近的白帆。"

化妆起修饰和掩饰的作用，化妆品不过是一些高分子的化合物、水果的汁液和一些动物的油脂，它们同人类真实的容颜实在不能相提并论。犹如大厦需要钢筋铁骨来支撑，而绝非几根华而不实的竹竿。

真实永远是不可复制的美丽，永远也不会褪色，永远也不会随着化妆品的消失而离去。相信自己，相信自己的素颜，相信自己的美丽。自然最美，素颜最真。

二、运动是最好的美容圣品

运动可以让一个人变得美丽，变得快乐，是最好的美容圣品。再多的化妆品的装扮，也换不来运动带来的美丽。紧张的生活节奏，匆忙的都市生活，要求每一个人在旭日东升之时，要有洒脱的个性、自信的微笑、敏锐的能力迎接每一天。于是，越来越多的人加入到运动行列。

有的去健身中心跳健美操，练瑜珈、跆拳道；有的到附近的体育场馆打羽毛球、网球；偷懒点的，在家里跟着电视节目中的口令做有氧操。在运动中，完善自我，超越自我，让内在和外表的神态魅力达到永恒的统一。

1.我运动，我美丽

什么样的女人最美？答案自然有无数。美丽与漂亮是有区别的，一个女人是否美丽，也许不能全看脸蛋长得美与丑。真正的美丽，是一种光

彩，是自然而然的流露，是一种扑面而来的感觉。

运动的女人时时散发着美的气息。栗色的马鬃泛着油亮的光泽，小米在风里挥一挥马鞭，姿态娴熟地驾驭着那匹纯种蒙古马跃过小溪。

在空闲的日子，小米像穿时装一样穿上质地优良的骑马装——紧身的小背心、宽大的马裤、皮质很好的马靴，还有黑色的礼帽，手持马鞭，到跑马场、草地、森林去骑马兜风。她说："骑马可以满足女人的无穷想象。"

已是为人妻为人母的思思，看上去还是那么青春靓丽，浑身上下涌动着健康向上的因子。从小就喜欢运动的她，把每周的健美操看作是生活中不可缺少的一个组成部分。全副行头上身，踩着舒展优雅的音乐节奏，对着健身房里的大镜子翩翩起舞，那感觉就像又回到了十四五岁青春勃发的年龄。

在这个世界上，生动感人的色彩是人们创造出来的。因而运动着的女人才时时散发出美的气息。理由：我运动，我美丽。

2．我运动，我快乐

成天裹在死板的职业装里，拿开会、加班、应酬当一日三餐，睡眠时间少到几乎在透支生命，激烈的社会竞争，都快把白领丽人们鞭挞成一只只不停旋转的陀螺了。都说有事业的女人真幸福，谁知奔事业的女人多辛苦。但忙归忙，可不能就此亏待自己，不妨忙中偷闲用运动宠爱一下自己。

好像和影片《芭拉芭拉樱之花》里那段动感十足的舞蹈有关系吧，自从大学毕业后就和体育锻炼"绝缘"的陈歌迷上了"有氧泰拳"。穿着紧身的衣服在宽大的房间里使劲地蹦来蹦去，看着镜子里的自己一副青春的模样，也就暂时不去计较办公室里的烦心事了。

"因为流汗的时候感觉很酣畅，好像一周的压力和辛苦也一起从身体里冲出来了。"再细心地注视着身上的线条有形起来，这份开心，不用细说也袒露无遗。

运动可以带给你无上的快乐感觉，只要你肯尝试。

三、怡养心性，为自己的容貌加分

化妆品的修饰不能带来真正的美丽，浓墨勾勒的眼线，栅栏似的假睫毛圈住的眼波，细看却暗淡犹疑；樱桃红的唇膏看似美丽，轮廓鲜明的唇内吐出的话语，却肤浅苍白……磨砺内心比油饰外表要重要得多，犹如水晶与玻璃的区别。

有人说，一个人的容貌在30岁之前是爹妈给的，30岁之后是自己给的。生活中，我们每个人都在自觉不自觉地给自己的容貌做加减法，时间越长，加减法的效果越明显。怡养自己的心性，即使没有化妆品的修饰，也可以为自己的容貌加分。

1.自信的人最美丽

一个人最大的魅力就是要自信，这是最给自己加分的一项。自信，可以让丑小鸭变成白天鹅，可以让一个貌不出众的人变得脱俗、惊艳。自信的人，一举手一投足都彰显着魅力。

生活中有很多人，从外表上看算不上是美人，但她们自信，自认为是美丽的，而这种自信会感染周围的人，别人也会认为她们是美丽的。

自信的女人，那种美是从骨子里散发出来的。她们不是不清楚自己容貌的不足，不是一味地自我感觉良好；相反，她们很清楚自己，她们接受自己的缺憾，容忍自己的不完美。如果你面对的是一个自信的女人，哪怕她有缺憾，她的气质也会让你印象深刻。

自信是可以培养的，尝试着训练自己更加自信一些，慢慢地，你就会真的自信起来。只要自己不跪着，没有人会比你高。

女人的青春总是很短暂，美丽的容颜会稍纵即逝。但是自信和内心的宽阔，却让女人如经年的美酒，越陈越醇。不拥有美丽的女人，并非也不拥有自信。美丽是一种天赋，自信却像树苗一样，可以播种，可以培植，可以蔚然成林，可以直到地老天荒。

2.腹有诗书气自华

诗书的熏陶、文化的底蕴，可以让一个人由内而外地美丽起来。那

一双即使没有画眼影的瞳孔，也因为好奇的求知欲而闪闪发光，因为诗书的陶冶而灿若星辰。读书可以让一个人懂得思考、懂得想象、懂得这个世界，让一个人变得充满智慧的光芒、知性的光辉。

纵观那些美丽经久的女子，无一不是具有知性气质的女子。

汉末的蔡文姬、晋代的谢道蕴、唐代的薛涛、宋代的李清照……她们用自己的生花妙笔展示了女性的美丽。

如今的杨澜、陈鲁豫、吴小莉、徐静蕾、刘若英……这些活跃在公众视线的才女，或许不是人们所认为的最漂亮的大美女，但她们的那一份美丽却是长长久久、由内而外自然散发出来的，一种由诗书底蕴散发出的知性气质。

一个女人，尽管她曾经拥有过如花的容颜、漂亮的躯壳，但总有一天要老去，红颜不再，青春易逝。而拥有才华的女人，她的才华，她的气质，她的美丽，已经不再依附容貌。所以，腹有诗书气自华的女人，最不怕时间的流逝，反之，时间的沉淀，只能让她们的美丽更加出众。

而才女不是天生的，才女要靠自身去打造。在这样一个喧嚣的世界里，你是否还拥有一颗宁静的心，能够两耳不闻窗外事，一心只读圣贤书？在这样一个浮躁的城市里，你还能心平气和地选择白纸黑字作为你孤独时的良师益友吗？

然而，现在的我们生活丰富了，物质享受更多了，却再也无法轻易获得那种阅读的单纯快乐。我们经常对人抱怨城居生活的苍白与恶俗，抱怨无处不在的汽笛声和城建的机器声如何可怕地阻碍了自己读书和思考的兴致……

殊不知，这所有的抱怨只是一种借口，一些浮华的尘埃已落入我们心中并挥之不去了。我们的心似乎静不下来了。

书作为知识的载体，是人类共有的精神财富。读书使人充实，可以增加素养，改造思想，增长才能。唯有心静，才能与书为友。

美国前总统罗斯福的夫人曾说："我们必须让我们的青年人养成一种能够阅读好书的习惯，这种习惯是一种宝物，值得双手捧着，看着它，别把它丢掉。"

我们唯一需要的是读书的决心，有了决心，不管多忙，都要给自己一个读书的空间。腹有诗书气自华，滋润灵魂的精神食粮，永远不嫌多，带给我们的美丽，永远不会少。

3.心态平和是美丽的秘诀

相由心生，一个人有什么样的心境，就会有什么样的面貌。心态平和、坦然无惧，脸部的线条就会圆润柔和；心情总是抑郁、纠结、不安，那面色也会晦暗、无神。

想成为美女，就要修养心性，用知识、美德、坚忍和包容之心去修炼。久而久之，脸上的皮肤会光滑，眼神会清澈，你的整个人也会温润如玉。

当你的心变得越来越平和、宁静，你的处世会越来越冷静，就会找到自己的定位，就不会再去埋怨别人，而更多地想到的是反省自己，再也不会浮躁。人最大的障碍就是自己，要战胜自己并能认清自己不是一件很容易的事情。你要以一颗非常客观的心来省视你自己，判断自己。

心若改变，你的态度跟着改变；态度改变，你的习惯跟着改变；习惯改变，你的性格跟着改变；性格改变，你的人生跟着改变。在顺境中感恩，在逆境中依旧心存喜乐，认真、快乐地活在当下。享受生命，享受这份平和的美丽。

心态平和，让你从此美丽起来。

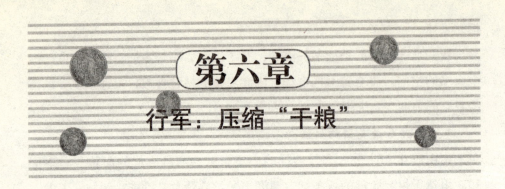

第六章
行军：压缩"干粮"

　　民以食为天，食物花费是日常生活中的一笔大开支，要做到花得少又吃得好，省下钱来，就需要我们无论是在家还是在外，在生活的各个方面注意聪明地节省，压缩自己的"干粮"消费，最终做到吃得开心，吃得健康，更能省下钱来。

　　现在，就让我们一起来看看这些吃饭省钱的各个妙招吧！它们一定能让你得到帮助，让你吃得舒心健康，让你在吃饭中也能不知不觉省下一大笔钱。

第一节 既要花得少，又要吃得好

食物在人们生活中占据极其重要的位置，食物的花销也是巨大的，所以，我们一定要学会运用技巧，既做到节俭又能选购到满意的食材。看完这节后，一定能让您节省下来更多的银子，品尝到更多更美味的食物！

一、购买要有计划

很多人购买食品，首要的选择往往是社区附近的大中型超市和菜市场，那里面货品齐全，质量和售后服务有保证不说，价格适中还能避免缺斤短两现象的出现，所以很受大家的青睐。

但是购买食品往往随意性强，一不留意，就容易造成冲动购物，面对物价的上涨，为了节省钱财，一定要在购买之前先打听清楚，做好计划。最好列一个购物清单，避免盲目购物，买了不需要的食品，浪费钱财。

1.购买前留心打听

现在的超市都各有优势，大家事前要学会留心打听，做到心中有数，这样就能在采购的时候扬长避短，轻松买到价廉物美的商品。

例如：如果你要采购副食品及牛奶、蜂蜜、鸡蛋、米、面之类的食品，就可以直接到农工商，因为农工商里的以上商品，是同类超市里较便宜的。其他诸如华联的生鲜食品品种多，选择余地大；乐购的产品价格低但来源比较杂，需要花费时间，仔细甄选；家乐福的生鲜食品质量好，半成品菜看新鲜；麦德隆的日常用品质量不错价格也便宜；易初莲花的冷藏食品多，但优惠的前提是必须成为会员顾客，否则一切待遇将免谈。

2.养成列清单的习惯

大家一定要学会养成列清单的习惯。每一次在准备购买之前，可以将

最近准备购买的货物列一个清单，然后在每天超市寄来的促销降价商品目录上仔细查找，寻找同一天里价格最便宜的商品，或者同种商品价格卖得最便宜的商品。哪家有促销降价的商品销售，就去哪家超市购买。

上促销降价单的同样商品，平均价格有时候甚至相差10%。这样做虽然有些麻烦，但时间久了的确能省下不少钱。

列清单不仅能买到促销商品，省下钱财，还能让我们在购物时避免冲动和盲目，避免把商品买回家之后发现根本用不着，浪费了钱财。

3.超市省钱小策略

①没有保质期要求的商品买大包装，因为算下来，往往大包装的价格更为划算一些。一个月至少省下几十元。

②蔬菜水果挑选当天打折幅度最大的购买，多打多买，少打少买，如此打折的蔬菜水果，比在外面街边的小贩处购买还便宜，一个月下来能省近百元。

③食品买原材料或者半成品，自己动手加工，不仅价格比成品要便宜一半，而且自己烹饪更加健康美味。

④食品类的折扣要当心，贪多容易"蚀本"。食品有保质期，多了吃不完，反而造成更大的浪费。不要为了不需要的赠品，而勉强自己凑够柜台小姐要求的额度，比如满699元、1299元等，买回多余的商品，最终无非是送人或闲置。

⑤很多食品的生产日期，实际要比打印日期早一两天，所以保质期也会提前1~2天，所以要尽量少买临近保质期的食品，否则吃坏了身体，上次医院就得不偿失了。

⑥不在超市购买电子产品和日用杂品，尤其是数码相机、数码摄像机、手机、MP3之类的产品，要比专卖店贵10%甚至更多。扫帚、拖把、簸箕之类的日用杂品，价格也比普通日用杂品店要贵。

⑦慎选促销商品和特价商品。有些商家为了减少促销费，往往把促销商品略略提价后披上降价的外衣；还有以诸如抽奖等形式送出价值不等的产品，如彩电、微波炉、冰柜等家电，以此诱人购买，而抽奖是要求必须

达到一定的消费额才有机会的，其实还是"羊毛出在羊身上"。

再来看特价食品，大量买回后，如果不能及时食用，保质期一过，往往只能一扔了事，所以千万不可贪一时的便宜，浪费了更多的钱财。

⑧现在的超市都实行会员制，当会员卡积分达到一定点数时，商场会赠送一些礼物，但有期限限制，所以，一要注意领用点数，二要留意领用时间。另外，商家在销售一些商品时，往往会搭送一些小件，你不问的话，柜台小姐多省略不给，所以，一定要问他们是否有赠品。

⑨存好收银条或发票，以便于核对单价和数量，一旦出现没给会员以会员价核算，或者商品价格重复计算等错误，或回家后发现商品有问题，便于去更换时有凭证。

二、锁定目标成为熟客

不管是在超市还是菜市场购买，总有一些店铺的食材、食物更便宜、更新鲜，在长期的观察实践之后，或是在朋友推荐下，就可以锁定目标，进行熟客消费。熟客消费的好处除了最重要的——能够让你买到更便宜新鲜的食物，还能让你结识一个朋友，体验一份不一样的人情味。

小雪家附近有好几家超市，刚搬来的时候，小雪就决定找几家店铺成为熟客。于是小雪开始在家附近的店铺开始实验了，一个月之后，小雪就对这些超市了若指掌了，哪里的肉便宜，哪儿的蔬菜新鲜，哪儿的大米有嚼劲，哪儿的白糖干净……之后的小雪就如获至宝，每次购买都在那固定的几家。

时间长了，老板就和小雪熟了起来，常常在刚进新鲜蔬菜的时候，就给小雪留一份，甚至在有时候小雪买肉的时候会多给小雪一块，让小雪开心不已。不仅如此，每次小雪的购买价格总是能便宜很多，有时候缺点零钱，老板就主动不要了，让小雪更坚定了从此熟客购买的信心。

有时候小雪去朋友、同事家串门子，也会在朋友的推荐下，在朋友家的附近，或是一些其他的商场买到更加便宜有质量好的食材，大家这样口耳相传，彼此都能省下很多钱。

如今的小雪已经是坚定的熟客了，很多老板和小雪成了朋友，让小雪觉得每次的购物成了一次快乐的旅程，让小雪在这个不熟悉的城市，在繁忙的工作之余，拥有了一份不一样的人情味。更能买到质量好的物品，为自己省下钱财。

锁定你的目标，成为熟客之后，购买就能给你不一样的感受，让你买到称心的物品，让你在购买中也能得到快乐，让你省下钱财。

三、坚持平民消费

走进超市，我们很容易就发现，不论是水果还是各种蔬菜，但凡是进口的，价格总是比同类产品高出几倍。对于同样的食品，是选择国内出产的好，还是国外进口的好呢？

就周围大多数人食用后真实的感受和体会来说，大多数的食品，与其选择价格高得离谱的进口食品，不如选择自家地盘上的国产食品实惠。

1. 不买进口食品

进口食品高价位的背后，其实是蕴含着高额的进口关税、运输费用和广告费用等诸如此类的额外成本，食品本身的价格只占其总价格的一小部分而已，相比之下，国产食品价格则实惠也实在得多。

如果用相对较低的价钱就可以买到同质量，甚至更好的同类国产食品，那么我们为什么还非得要选择国外产品呢？难道进口的产品就包含着更多的营养成分？况且，国内多数人的口味还是更适应本土的食品的，所以购买本土产品是个正确的选择，最重要的是能为我们省钱。

小馨是个很会过日子的家庭小主妇，她平日里购买食品，就从不购买进口的食品，什么米呀面呀、水果蔬菜，都是选择国产货。

有一次，小馨在超市看中一种猕猴桃，颗颗饱满，看起来质量非常不错，摸上去也很厚实，正当小馨准备购买时，她一看价格，竟是人民币10元一斤！一看原来是产自欧洲。

于是小馨又到别的地方找了一下，发现本国产的质量与那10元一斤的差不多，价格只是4元一斤，便宜了一半多！小馨开开心心地抱着半袋子猕猴桃回家了，钱也省了几十块！

从那以后，小馨每每看到中意的进口货，总是从不购买，而每次都能找到与之质量相当的国产货，价格当然是便宜得多了。

2.拒绝品牌食品

国内的品牌食品，广告越多、牌子越响的越没有必要购买，因为价格里含有广告费用，价格水分较大，还不如用较低的价钱选购一些非品牌但质量好的食品。平民消费既省银子又得实惠。

小璐是个都市白领一族，每月的工资基本是月光，而她呢，又很爱吃零食，常常是零食挂嘴边，什么薯片啦蛋糕啊饼干啊之类的，以往的小璐吃什么零食都是买电视上曾经广告过的，似乎吃得时尚，并且有感觉，当然那价格也是更有感觉了，小璐的钱常常不够她买零食的。

但是自从小璐有一次逛超市，买了一包普通的没听过牌子的薯片之后，小璐就决定以后再不买品牌的食品了，小璐买的薯片比大品牌的薯片便宜了一半，但吃着味道与那牌子的薯片没多少差别，很可口，并且也有质量保证。

之后的小璐开始购买非牌子的食品了，她发现那些没有花大价钱打广告的小品牌，更花了心思在食物的口味和卫生上，美味安全又便宜。

去除高昂广告费用的食品既便宜又美味，但在选择时一定要选通过国家质量认证的食物，以免得不偿失。

四、批发购买最省钱

批发购买是省钱的绝佳方法，同样的食物，如果批发购买，价格就可能比单项购买时便宜很多，遇上老板仁慈或者是他亟待处理，那价钱更是便宜得超乎你的想象。

1.自己家里批发购买

其实，像米、面、油、水果、啤酒等等之类的食品，自家完全可以整件或整箱地去批发部购买，或者是购买实惠的家庭装。反正这些食品每天都需要，保质期也很长，不仅可以使自己在想要的时候就能用上，还省去

了时常跑商店的时间，更主要的一点就是批发价比零售价便宜很多。

小风每月花在食品购买上的钱总是比同事少很多，吃的和大家一样，花得怎么就比大家少那么多呢？同事们都很纳闷，纷纷向小风取经，原来小风省钱的招数无非就是批发购买食品。

每月初，小风就会把自己本月需要的米、面、油等食品列一个清单，标明购买数量，然后就去批发部批发，或者是到超市购买家庭用的实惠装。批发购买比单项购买价格便宜一半，有时候碰上熟悉的老板更是给让利得多，让小风省钱多多，开心不已。

如此一来，坚持批发购买的小风，既节省了时常出外购买的打车费，又节省了时间，最重要的是，省下的钱财连小风自己都吃惊不已。

2.联合他人批发购买

在一个小区居住的人们，可以选择以门牌号建立QQ群，这样，每天晚上，各家主妇就能在群公告栏上刊登自家这月、这星期乃至明天需要批发的柴米油盐酱醋茶蔬菜之类的生活必需品，有需要的就在后面自愿跟帖报名，达到一定数量后就轮流选一人集体去批发。

如此批发购买，既降低了大笔的开销费用，又节省了买东西的时间和精力，想省钱的朋友们不妨先在小范围内尝试一下，一定会有很大的收获，节省不少的钱财。

小秋家住的那个小区里，约有几十户人家，自从小秋把大家联合起来进行批发购买后，大家都直夸小秋想得周到，懂得省钱。

小区的门口有一个公告栏，每天大家都把缺少的物品自己写上去，达到一定数量后，就指定一人去批发购买，大家彼此轮流，如此，不仅价格便宜得多，还能为大家节省时间和精力。

每年秋天，到了苹果、梨等耐放水果收获季节来到的时候，大家就雇一辆车，直接到果农家里去批发采购。大量刚刚上市的水果，质量好，价钱也很便宜。保证了在春节水果淡季的时候，家里有充足的物美价廉的水果。类似的方法还被小秋用到夏天西瓜和香瓜水果的购买上。

大家一起买到了质量好的物品，节省了彼此的时间和精力，融洽了邻里的关系，更是节省了大笔的钱财，何乐而不为呢？

在批发购买省钱的同时，一定要看准物品的保质期限，以免买了一堆，但吃不了，用不完，丢了一堆，省钱落空。

五、学会逆向购买

购买食品，不一定要在特定的时间、特定的地方，以特定的方式购买。懂得逆向思维，在不同的时间、不同的地点，以不一样的方式购买，可以为你省下很多的钱财。这就是所谓的逆向购买。

1.时间逆向

一般情况下，超市食品专柜里的熟食，每天临近打烊时为了避免食物久放影响销售，都会提前几个小时打折促销。大家只要熟练掌握时间，完全可以买到质量放心、物美价廉的熟食，而价钱却比正常销售便宜了许多。一般熟食的正常保质期都有2～3天的时间，完全不影响正常食用。

有一些菜市场里的蔬菜，每次在快要收摊的时候都会大幅降价销售。这些蔬菜有的还很新鲜，绝对可以食用，只是老板为了快点收摊才会降价出售，有的蔬菜的价格简直便宜得超乎想象。不妨这时出手，绝对省钱到家。

还有一些正规的面包房、馒头房，也会在一天的固定时段降价销售商品，大家完全可以借此机会买进。

2.地点逆向

购买食品，不一定要在超市或是菜市场，有一些大型的农贸市场，蔬菜水果常常来自周边农村的自卖户，他们卖的蔬菜水果，往往是出自自家，自己吃不了顺带拿出来卖的。他们的蔬菜和水果新鲜，不像大棚蔬菜农药施得多，更重要的是这些自卖户的出售价格便宜很多。

3.方式逆向

如今一些商家为了吸引更多顾客消费，会在许多报纸和杂志上印刷自己食品的优惠券。还有些网站也会提供一些优惠券，最常见的就是肯德基、麦当劳、必胜客、博诗基的优惠券，这些折扣券都有少则5%多则甚

至50%的折扣，优惠多多。

想要省钱的朋友们只要把电子图片打出来，就可以用优惠券消费。有的时候，你只要拿着一张优惠券就可以去自己喜爱的餐厅吃东西，无须花一分钱，真是划算啊！如果你喜爱这一类食物，那么这种方法就非常适合你了，让你又省钱又吃到自己喜爱的食物。

第二节 自己动手，美味在家

如今的快餐文化也影响了大家的吃饭，凡事只讲究快速高效，越来越少的人会为了一顿饭张罗东张罗西。快餐素食漫天飞，餐馆饭店遍地是，大家掏出大把大把的钱消耗在这些买来的食物上，似乎忘了家里还有一间厨房，自己还可能会做饭。

如果把我们花在餐厅饭店的钱用来买食材，自己动手，我们在餐馆一顿饭的钱可能在家够几个人吃好几顿。餐馆的质量即使被别人说得再好，我们自己也没有亲眼所见，没法保证卫生和健康。有的时候饭馆的食物也不一定合自己的胃口。

诸多的不好，不如自己动手，让美味重新回到我们的厨房里，让金钱重新回到我们的口袋里。

一、蔬菜水果自己种

如今的都市里，高楼遍地，寸土难见，似乎种菜种果成为不可能。其实不然，只要我们留心，懂得观察生活，我们也可以自己动手来种植蔬菜水果。

1.利用自家条件

无污染的绿色环保蔬菜，是我们每个人都渴望在自己的餐桌上拥有的。但昂贵的价格，却使我们望而却步。其实，只要稍微花点功夫，自己在家动手种植，就完全可以在少花钱的情况下达成愿望。

在每年四月点瓜种豆时节，收拾一些不用的盆盆罐罐，或是去市场买一些种盆景用的土盆，到郊外找点土，到花鸟市场买点花肥，随意在上面播撒一些小青菜、菠菜、芹菜、圣女果的种子，放置在阳台的角落，隔个几天浇点水，如此过个十天半个月，就可以享受收获的喜悦，享用到纯天然的绿色食品了。

有心的主妇还可以将自家的阳台干脆改成一个微型的蔬菜景观大棚，种上微型品种的黄瓜、西红柿、南瓜等蔬菜瓜果，闲暇时候，既舒展了筋骨，又保证了自家的蔬菜供应，省下购买蔬菜水果的钱不算，自己辛勤播种收获的食物，吃起来还别有一番风味。

家里有院子的朋友，更是可以利用条件种菜种果了。记得《激情燃烧的岁月》里的老军人，把自己家的院子开垦成了菜地，每到收获的时节，家里的菜吃不完还送给邻居尝鲜。

2.利用外界条件

平时多留心，看自己居住的地方周围有没有可以利用的地方，如果是郊区就会有一些有土地的地方，可以开垦种上几颗白菜，无须你多照顾，收获的时候摘来吃就可以了。

周女士有一次走到自己家屋后时，不经意发现离自己家厨房不远的地方，有一块约一平米的空地。细心的周女士于是到菜市场买来几棵小葱种上了，偶尔翻翻土、浇浇水，只当是活动筋骨。过了一个月以后，小葱长得绿油油的，煞是惹人喜爱，周女士家的餐桌上也有了一盘纯天然的鸡蛋炒小葱了，美味无比。

从此以后，周女士家再不用去市场买葱了，这一小块地种的葱已经足够周女士一家吃的了。

二、自己做饭好处多

在外吃饭，无论是什么样的山珍海味，也没有自己在家做得卫生，吃得健康，此外自己在家做饭还能体验劳动和创造的快乐。更重要的是同样的材料自己在家做饭最省钱。

1.自己做饭卫生健康

快餐食品是最不健康的，其中的营养成分有的太少、有的不全面。餐馆为了追求高效，不一定能保证饭菜卫生。只有自己做饭才是最卫生健康的，自己清洗食材更仔细，自己可以根据营养搭配食物。吃得放心，吃得健康。

轩轩是个很注重生活品质的人，平时的一日三餐都是自己做的，即使是中午在公司，她也是带上自己昨晚在家做的饭加热后吃。轩轩自己做饭很认真仔细，总是保证饭菜的卫生，并根据自己的身体搭配自己的饮食。

如此，轩轩一直拥有着健康的身体，气色红润。有一段时间，公司里很多同事都拉肚子，只有轩轩没有，原来这些同事要么吃的是快餐，要么就是在公司附近的小餐馆吃了不干净的东西了。轩轩自己做的饭让她吃出了一个好身体。

2.美味还是自己做

自己动手做的饭菜，因为经历了从无到有的创造过程，包含了自己的心血、自己的一份期待的心情，所以吃起来比再高级的大厨做出的饭菜也要更香、更美味。

自己动手做饭是快乐的，若是和家人朋友一起做，就更是一份让人期待的美味佳肴了。大家一起为了一顿饭准备，洗菜、切菜、煎炒，欢声笑语，体会着自己动手丰衣足食的感觉，饭菜在感情的融洽中更加的美味了。

自己动手做饭还可以根据自己的口味，专门为自己烹饪，专门地宠爱自己。

小朵是个地道的美食家，她时常会为自己烹饪几道美味的食物，犒赏自己。其实一开始，小朵的饭菜做得并不美味，为了做出美味的饭菜，小朵经常和家人、朋友们一起烹饪，大家交流彼此的做饭心得，让小朵获益不少。再加上小朵多次的尝试努力，终于使自己做出的饭菜美味又可口。

如今小朵做饭如信手拈来一般，根据自己的喜好让菜品甜腻适宜、咸淡适当，使自己在享受美味的同时，吃得舒心，吃得快乐。

3.自己做饭最省钱

无论快餐食品多么便宜，无论餐馆里饭菜价格多么公道，自己做饭永远是最省钱的。一顿同样的食物，吃快餐和外卖的钱可以够自己在家吃好几顿。

凯瑞是个SOHO一族，平日里在家工作，吃饭总是叫外卖或是吃泡面，也觉得不贵，一顿饭也就几块钱。但凯瑞发现自己的同事总是比自己的钱多，经追问，才知道此同事都是自己在家做饭吃的。凯瑞一顿饭几块钱，虽然没觉得贵，但同事可以吃一天。

比如，凯瑞吃一盒泡面4元钱，同事可以买3斤挂面，一天也吃不完。凯瑞吃一顿盒饭6块钱，同事可以买菜做饭吃两顿。如此下来，凯瑞成了月光族，而他的同事却省下了更多的钱。

三、教你做出几道美味家常菜

家常菜种类很多，有凉拌的、煎炒的、汤品类……各有风味，美味独特。学会做几道简单的家常菜是居家做饭所必须的，省钱健康又美味。下面来学学做几道家常菜吧！

1.凉拌类

（1）凉拌西芹

原料：西芹一把，香油、盐各少许。

做法：将西芹的叶子摘去，洗净；然后将锅内放上水，烧开，将西芹放入，无需煮太久，三四分钟即可；将西芹捞出放入冷水中过冷后，将西芹去皮(煮过的西芹很好剥皮的)，切段，装盘撒上食盐少许拌匀，倒入香油少许再拌匀。

这凉拌西芹既青翠可人又脆口爽人，好一个开胃菜。

（2）凉拌菠菜

原料：菠菜1000克，琥珀花生仁150克，食盐、味精、蒜粉、香油各少许。

做法：菠菜洗净后，切段，用沸水焯一下；捞出后，挤去水分，加入

食盐、味精、蒜粉、香油，拌匀；最后拌入琥珀花生仁。

这道菜省时省事，营养丰富，爽口，是夏天的可口凉菜，

提示：菠菜一定要洗干净，喜欢芥末的可放芥末油。

（3）凉拌苦瓜

原料：苦瓜500克，熟植物油9克，酱油10克，豆瓣酱20克，精盐2克，辣椒丝25克，蒜泥5克。

做法：将苦瓜一剖两半，去瓤洗净后切1厘米宽的条，在沸水中烫一下放入凉开水中浸凉捞出，控净水分；将苦瓜条加辣椒丝和精盐后，控出水分，然后放凉开水中浸凉捞出，放入酱油、豆瓣酱、蒜泥和熟植物油拌匀即可。

2.煎炒类

（1）韭菜干丝

原料：韭菜75克，干丝150克，素高汤半碗，植物油4匙，盐、糖、酱油、味精各适量。

做法：韭菜洗净，切段，干丝洗净切成段。炒锅入油，放入素高汤、干丝和适量的盐、糖、酱油、味精，用小火慢慢翻炒5分钟，使干丝完全吸收汤的味道，再放入韭菜继续炒半分钟即可。

（2）肉末四季豆

原料：四季豆500克，猪肉150克，葱粒、味精、榨菜粒、蒜末各少许，盐适量。

做法：猪肉洗净剁碎；四季豆撕去筋，洗净沥水，放入油锅中煸炒两分钟左右，盛起，沥油；烧热锅下油，将肉末、葱粒、榨菜炒片刻，加入四季豆，再加清水，用大火烧至汁收干，加盐，加味精，拌上蒜末即可（为了保持四季豆的色泽，放盐的时间不宜过早）。

（3）葱爆肉片

原料：猪肉200克，葱白50克，植物油75克，香油、面酱、味精、香醋、酱油、花椒面、白糖、姜丝各适量。

做法：将猪肉切片，用面酱和少许植物油拌好；葱白切斜粗条；炒

锅内加底油用旺火烧热，将肉片下锅炒散，待有六成熟时将葱条、姜丝入锅急炒几下，依次加入香醋、白糖、酱油、花椒面、味精、香油，颠炒翻身，待葱变脆即可。

3.汤品类

（1）醋姜猪蹄汤

原料：猪蹄3个，姜6片，香醋两勺或红糖一勺，葱末、香菜各3克。

做法：放在一起小火煮，时间长一些，因为要把猪蹄煮烂一些，大约一个小时就可以了，要是吃不惯酸就放一勺红糖，酸酸甜甜的味道很是不错。要是不喜欢甜也不喜欢酸，只放一些葱末、香菜，也是不错的味道。

（2）鱼肉豆腐汤

原料：黄鱼或者鲫鱼一条，韧豆腐一块，葱末、香菜各3克，盐和鸡精少许。

做法：先把鱼收拾干净放入锅里小火炖，炖到鱼肉已经熟的时候（你可以用筷子感觉一下），放入豆腐，再炖10分钟左右，这时候放盐、鸡精调味，最后放葱末、香菜，一锅美容又美味的鱼汤就出锅了。

（3）枸杞银耳汤

原料：枸杞和银耳各20克，冰糖3克。

做法：先把银耳泡在碗里10分钟，然后把银耳放在锅里小火炖10分钟，然后加入枸杞，两者一起煮10~15分钟，加入冰糖，直到汤液黏稠，便可倒出来晾凉，然后你就可以喝了。如果一次喝不完可以放在冰箱里，每天喝一点。冬天的时候就要热一下再喝了。这个汤有美白的作用。

四、小小零食自己做

很多爱吃零食的朋友，其实可以不必要花费那么多的钱去超市购买，很多小零食都可以在家自己做，简单方便，真材实料，省钱多多。

1.冰淇淋

（1）香蕉冰淇淋

原料：香蕉750克，柠檬1只（或柠檬汁一小碗），奶油450毫升，白

糖450克。

做法：

①将柠檬洗净切开，挤汁待用。

②白糖加1500克水，煮沸过滤。

③香蕉去皮捣成泥浆，加入糖水调匀，再调入柠檬汁，待冷却后拌入奶油，注入模具，置于冰箱冻结即成。

特点：清香可口，别具风味，助消化，清火通便。

（2）奶油冰淇淋

原料：奶油200毫升，白糖适量，蛋清2只，蛋黄1只或各种果酱，香草精少许。

做法：

①在鲜奶油中加入白糖1匙，充分搅拌均匀后放置一旁。

②另取一只大碗，放入蛋清，充分搅拌至起泡，放入白糖适量，继续搅拌。

③在搅拌均匀的蛋清中加入蛋黄，充分混合后，加入香草精再搅拌。

④搅拌后放入鲜奶油碗中，继续搅拌。若不喜欢鸡蛋冰淇淋，可直接在鲜奶油中加入自己喜欢的果酱，代替蛋清、蛋黄和香草精，均匀混合。

⑤把混合好的材料放入冰箱冷冻间冷冻，约2～3小时后就可以吃了。如果在冷冻期间取出搅拌3次，它的味道会更好。

（3）柠檬冰淇淋

原料：柠檬1个，奶油5克，蛋黄5克，水500克，淀粉、白糖各适量。

做法：

①柠檬去皮、挤汁。

②柠檬皮捣烂备用，淀粉用水浸透；把白糖放入锅内，加500克水煮沸，加入捣烂的柠檬皮，使其降温，随后用纱布滤去柠檬皮。

③另取一锅，倒入滤出的柠檬糖水，加入蛋黄，不断搅打至起泡沫，倒入淀粉，再将锅置于文火上加热，使混合液变稠，离火，仍继续搅拌，晾凉后，加入柠檬汁和搅拌过的奶油，调匀后，入冰箱冻结即可。

特点：清热解暑，富含蛋白质。

（4）巧克力冰淇淋

原料：牛奶300毫升，蛋黄2只，白糖10克，奶油150毫升，速溶咖啡和巧克力各适量。

做法：牛奶煮沸后冷却，倒入蛋黄、白糖、速溶咖啡和用热水融化的巧克力，搅拌均匀，最后与奶油拌合。

2. 蛋糕

（1）无水蛋糕

原料：全蛋4个，白糖130克，水30克，植物油30克，低筋面粉150克。

做法：

①全蛋液放入干净盆里，分两次加糖，打至发白，提起有长长的浆液。

②在打好的蛋浆里加水和植物油低速打匀。

③把面粉过筛加入，要用切拌的方法调匀，不要搅。

④模具里抹油，（植物油加一些面粉调匀抹在盘子上）把浆液倒入。

⑤上下火烤箱160摄氏度预热5分钟，皮变成深黄色就好了。

⑥拿出烤盘斜立在墙边晾凉，切块时如果没有锯齿刀，就把刀在火上加热再切。

（2）戚风蛋糕

原料：蛋黄5个，白糖70克，植物油20克，水20克，牛奶40克（分两次加）低筋面粉85克，蛋清5个。

做法：

①将蛋黄、白糖、植物油、水、牛奶混合搅拌均匀，牛奶分两次加入，最后加入面粉调成糊待用。

②蛋清用打蛋器打，分两次把剩下的40克白糖加入其中，刚开始起大泡，起小泡时加一次白糖，打到蛋液快硬性发泡时再加一次糖，蛋液打到奶油状，一挑出硬尖就好了。

③将三分之一蛋清液加入蛋黄面粉糊中，搅拌均匀，再分两次用切拌法将蛋清液加入蛋黄面粉糊中。

④模具抹油（同无水蛋糕），把和好的浆液倒入。

⑤上下火150摄氏度预热，倒数第二层150摄氏度60分钟。

⑥出炉脱模同上。

3.薯片

原料：马铃薯3个，盐、鸡精、咖喱粉各少许。

做法：

①首先把马铃薯洗干净，去皮，切成一片一片，越薄越好。然后再用清水冲洗几次，这样可以把一些淀粉冲掉，减低热量。

②将冲洗好的薯片放入锅内煮，再加入一些盐、鸡精和咖喱粉。

③把煮好的薯片沥干水分，最好能用纸巾吸干所有水分。

④把薯片铺在一个大平底盘上，只能铺一层，而且每片薯片都不能重叠。

⑤铺好以后，把大平底盘放入微波炉或者烤箱转几分钟就大功告成了！

特点：非油炸，低热量，味道好，吃了不怕胖！

4.果冻

原料：草莓果冻粉一盒，罗拔臣纯鱼胶粉一盒（50克），糖玫瑰花50克（也可用香槟玫瑰蜜饯、干玫瑰花苞代替），椰丝适量，糖适量，达能酸乳酪一盒（草莓味或原味）或冰淇淋1个，开水两碗，花型冰格（要耐高温100度以上）4个。

做法：

①用一碗开水把糖玫瑰花泡开（香槟玫瑰蜜饯做法相同，干玫瑰花苞时间长一些），可以用微波炉加热，以便节省时间，待开水呈粉红色就可以了，捞起糖玫瑰花留用，加糖调味。

②用不锈钢容器盛糖玫瑰水，置于开水锅中加热，加入纯鱼胶粉4汤匙，搅融，取出待凉。

③用不锈钢容器盛一碗开水，置于开水锅中加热，加入草莓果冻粉一盒搅融，加入纯鱼胶粉2汤匙，搅融，取出待凉。

④将两个容器里的混合液合在一起，就成为果冻水，再加入椰丝或剪碎的糖玫瑰作装饰。

⑤在花型冰格中装入果冻水，置于冰箱凝固。

⑥果冻凝固后，排入水晶杯，倒入酸乳酪（或冰淇淋），再排入果冻，就大功告成了！

第三节 在外不得已，抠门没问题

出门在外，无论是在公司，还是逛街，或者是在旅游途中，只要不是自己在家动手做饭，都要懂得通过各种方式节省吃饭花销。因为出门在外，人容易没有节制，产生购买冲动，大吃特吃，也不注意价格，结果浪费了很多钱，还落得肚子不舒服。

一、在外吃饭，花销要有计划

出门在外，吃饭的花销一定要事先制定一个计划，本次吃饭最多能花多少钱，确定上限和下限。这样才能做到心中有谱，不会花得没有节制。

1.本月计划

如果是出门在外旅游，或是在公司驻扎一个月，就要做一个本月吃饭花销计划。拟定最高消费额和最低消费额，然后根据本身营养需要和当地的物价水平，列出本月大致食品清单以及可以涉足的各餐厅清单。这样之后就不会乱花，也不会导致一个月钱不够花。

2.本日计划

不管是逛街、上班还是旅游，都要制定本日计划，月计划是大致方向，日计划才更具体。首先拟定本日最高消费额和最低消费额，然后根据早中晚，合理搭配食物和饮食地点，做好本日计划，才不会导致超支。

3.本顿计划

这一顿吃什么，是最具体的计划。知道本顿的最高限额之后，就根据食物的营养搭配进行选择。吃什么蔬菜、什么肉类，喝什么汤，或者干脆吃碗面条、买个饼，都是根据自己的喜好和营养需要而选择。

本顿计划是以上两个计划的具体实现部分，显得最重要，如果每一顿都吃得有计划，那出门在外一定可以省下钱了。

二、坚持驻扎校园食堂

"高校蹭饭族"是最近网上流行的词，指的是那些专门到大学食堂里吃饭的上班族。高校食堂的饭菜又快又卫生又便宜，是想要省钱的蹭饭族们绝佳的选择。每到饭点，高校食堂里除了背着书包的学生，还混杂着不少拎着电脑包的上班族。

小陈工作的公司在一所大学附近，他每天中午都要挤在一堆大学生中排队打饭。一开始，小陈是在公司附近的餐馆吃饭，但考察实验了一番之后，他发现还是在学校吃饭最划算。

小陈算了一笔简单的账：高校食堂一份套餐：3个荤菜的6元，两荤一素的4元。以每月20个工作日计算，20×6=120元；外面普通盒饭10元/份，20×10= 200元，每月至少能省下80元。

如果你的单位在某一高校附近，千万不要放过如此好的省钱机会，学校的饭菜有卫生保证，价钱比外面便宜许多。赶紧从餐馆、盒饭转战高校食堂吧，你吃一份盒饭的钱，可以在食堂吃两顿很棒的荤素搭配的饭菜了。

逛街逛到饭点时，也尽量选择学校食堂就餐，比街边的小摊干净得多，营养得多，便宜得多，划算无比。

三、大伙一起来拼吃

上班时不爱吃工作餐，找几个人一起去饭店包餐，非常划算。离家在外的打工者，节日很孤单，找几个朋友大家AA制拼餐，出一份钱，能吃到各种特色菜！这就是拼吃。

所以不少拼网这样介绍拼吃板块：常尝鲜，又解馋，更省钱；大家一起搭个伙围个桌把想吃的菜尝个遍；吃一桌子的菜，只需花一道菜的钱！吃只烤全羊，只需付只羊腿的钱！

东东工作的地方附近有很多的餐厅，但都价格昂贵，一个人去吃实在不划算，所以公司的同事们大都叫外卖，长久下来，大家都怨声载道，真想好好吃一顿没有泡沫味的饭菜。

不知道是谁发起的大伙一块儿去餐厅拼吃，于是拼吃就开始了。因为大家人多，所以餐厅给予了优惠，大家每人轮流点菜，有时候餐厅还赠送汤品，米饭不花钱。这样合计下来，每人花的钱跟买盒饭差不多，但大家都吃得心满意足，开心不已。

大家从此就开始在各家餐厅吃饭时都拼吃，实行ＡＡ制平摊价钱。因为人多点的菜也多，所以营养全面，价钱这样拼下来也实惠很多。东东自从开始拼吃后不仅每天吃得健康开心，而且同事们关系也融洽了很多，更重要的是省到了钱。

四、请客吃饭节省用钱

日常生活中，人情往来是必须的，请客吃饭不可避免。那么如何在请客吃饭时，既让客人吃得开心，又能为自己省下钱财呢？

1.到熟悉的饭馆请客

在熟悉的餐馆请客吃饭是非常明智的选择。因为在自己熟悉的餐馆，不仅对菜品的质量和价格心中有数，还对自己将要花出去的钱数心中有谱，不会盲目花销，导致浪费。另外在自己熟悉的餐馆，老板跟自己都很熟络，一般都会给予优惠，给你一个比较合适的价位，不用担心挨宰。

阿锋每次遇到请客吃饭的事，比如过生日啦、升迁啦、搬家啦，或者只是被同事朋友们宰的时候，都会选择自己熟悉的餐馆。

在阿锋家附近有几家餐馆的老板和阿锋非常熟悉，阿锋对这些熟悉餐馆的菜品质量，以及价格都很了解。他每次带人去吃饭的时候，老板总是

热情有加，不仅质量有保证，价格也给予阿锋非常优惠，让阿锋的朋友们吃得开心舒适，让阿锋也觉得特有面子，还为他省下很多钱，真是物超所值。

2.使用优惠券省钱多

很多的餐厅为了吸引顾客，都发放优惠券，这些优惠券少则5%多则10%的折扣，是非常划算的。使用这些优惠券请客吃饭，可以节省不少钱财，有的时候老板还会凭优惠券赠送一些汤品和小点心，让人惊喜不已。

小美就是个特别关注各餐厅优惠信息的人，平时在逛街时都会留心各大餐厅发放的优惠券，有时候小区里也会收到一些餐厅的广告单和优惠券，有的是刚开业的餐厅，有的是老餐厅为了招徕顾客。这些优惠券，小美都是很仔细地收集起来，即使当时不用，也会整理好放在那儿备用。

当遇到需要请客吃饭时，小美的这些优惠券就大有用处了，小美通过仔细筛选，找出最适合的餐厅的优惠券，然后在请客时就拿出这些优惠券，让小美节省了大笔的钱财。

有时候碰到新的餐厅开张，持有优惠券的小美更是享受到不一般的服务、不一般的优惠。小美和朋友吃得尽心开心，小美既赢得了面子，也省下了钱财。

3.自助餐请客最划算

说起请客的话，自助餐是最划算的。自助餐不预备正餐，而由就餐者自作主张地在用餐时自行选择食物、饮料，然后或立或坐，各取所需，自由地与他人在一起或是独自一人用餐。

自助餐主要以提供冷食为主。当然，适量地提供一些热菜，或者提供一些半成品由用餐者自己进行加工，也是允许的。自助餐最大的特点是在用餐时主要凭用餐者的主观能动性选择食物，由其自己动手，自己帮助自己，自己在既定的范围之内安排选用菜肴。

如今，自助餐已不局限于各种宴会。在日益加快的现代生活节奏里，到经济实惠的自助餐馆大快朵颐，俨然成为人们休闲生活聚友的首选。它不仅精致好看，可以招待多人，避免了众口难调的问题，更重要的是它可以节省费用。

因为自助餐多以冷食为主，不提供正餐，不上高档的菜肴、酒水，故可大大地节约主办者的开支，并避免了浪费。

北京的都太、国际饭店、京伦饭店的自助餐等，都是比较实惠的。比如说金钱豹国际美食百汇，它里面的自助餐可以品尝到各种蟹，有脂膏丰腴的大闸蟹、饱满细嫩斯文又婉约的兰花蟹、身材健硕味美鲜香的梭子蟹……种类繁多的蟹品，美味螃蟹料理无限畅享，让您大饱"蟹"福。

而价格却比在其他餐厅请客吃饭要便宜得多。不仅如此，其中各酒水饮料、餐后甜点水果的价格也是非常划算的。

我们可以算一笔账，以三人用餐为例，同等档次，估计一顿下来至少得七八百元，而如果去吃自助餐，每人196元，三人不到600元，至少省100元。如果是60岁以上老人凭有效证件还能打5折，至少能省300元。

请客请吃自助餐，不但新颖别致，让大家吃得开心尽兴，更重要的是，请客吃自助餐，实在是太划算了呀！

第四节 厨房里的省钱医生

厨房不仅是一个制造美味的地方，它还有个新用途，那就是用来治病。别看很多东西都不起眼，可是，一有个头疼脑热的，还真能派上用场，而且没有副作用，更重要的不用我们花费高昂的看医生的钱，就可以为我们治病，真可谓是我们的省钱好医生。

一、内服

甘菊茶治口腔溃疡：冲泡一杯甘菊茶，晾凉以后饮用，不要急于咽下，先在口腔中来回漱口，每两小时一次，这样就可以减轻口腔溃疡引起的炎症了。

喝苏打水防尿路感染：如果患有尿路感染如膀胱炎等疾病，可以将半茶匙的小苏打溶在200克水中饮用。每天一到两次，这样可以降低尿液的酸性，从而缓解疼痛。

伤风、流感吃咖喱：如果因伤风感冒引起鼻塞、耳朵发炎或胸口憋闷，可以吃点辛辣的咖喱，就可让七窍通畅了。大蒜更是此时的首选，它不仅可以冲散黏液，还能抗病毒，抗真菌，是消除感染和增强免疫力的绝好食物。

生姜粉防恶心：恶心一般由低血糖造成，生姜却能够帮助血液保持一定含糖水平。如果晕车，不妨带上一些生姜粉，提前服用可以很好地预防头晕和呕吐。食用生姜粉或含姜的饼干还可以帮助孕妇减轻呕吐症状。

蜂蜜加果醋缓解关节炎：蜂蜜和苹果醋都有消炎的作用，可以各取一小勺混合，与早餐一同食用，就可达到减轻疼痛的目的了。

茴香粉消炎：用茴香粉泡茶喝，可以消除肠胃炎症和传染病。

头痛时喝杯茶：头疼一般多由血管变化而起，此时喝杯茶，茶中的咖啡因可以抑制血管收缩，进而减轻头痛。

二、外用

牙痛擦点丁香油：牙疼不是病，疼起来真要命。赶紧用棉花蘸些丁香油涂在疼痛处，让丁香具备的天然止痛功效来对付疼痛，就会收到立竿见影的效果了。

蜂蜇用洋葱擦：如果被蜜蜂蜇到，洋葱此时就可以大显身手了，用一片新鲜的洋葱涂于蜂蜇处，洋葱中的酶就可以阻止毒素扩散和发炎。

燕麦淋浴防皮肤瘙痒：把燕麦用纱布包上，让淋浴器中的水透过此纱布包，这样的燕麦淋浴可以帮助治疗湿疹、皮肤干燥和瘙痒，因为燕麦中含有抗炎症和止痒的成分。

酱油止痛：烫伤时用酱油涂抹，能止痛解火毒；手指肿痛时，将手指放在酱油里，可以止痛消肿。

土豆缓解坐骨神经痛：患有坐骨神经痛时，靠墙站立，用一个土豆放在臀部的疼痛部位，这时，土豆就像是肌肉的一个支撑点，从而减轻肌肉紧张，减少病痛。

刀伤、擦伤、水疱擦蜂蜜：蜂蜜有很强的防腐功效和抗病毒能力，能够防止感染，可以用来治疗刀伤、擦伤和水疱，每日两次，涂在患处，就可以迅速消灭病毒了。

芹菜叶改善手脚发冷：将芹菜叶洗净装入一个棉布袋子里，在沐浴时做沐浴剂使用，擦拭身体，即刻改善手脚发冷的症状。

小苏打驱除身体异味：将一茶匙小苏打轻轻涂在患处如腋下和脚部，就可以降低这些部位的湿度，从而告别异味。

疣状痣用香蕉皮擦：香蕉皮也是大有用处的，其中含有抗病毒成分，可以用来治愈疣状痣。用熟透的香蕉皮内侧涂在患处，每晚睡前涂一次，疣状痣就会减轻或消失了。

茶包敷眼缓解不适：用湿的茶包敷眼睛，可以缓解发烧引起的眼睛干涩、发痒。

大蒜除脚气：将大蒜涂在患处，可以抑制和消灭真菌，还可以止痒。

脚趾甲嵌肉用面包治：把磨碎的面包放进热牛奶中充分搅拌，敷20分钟，反复使用直到好转。

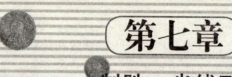

第七章

制胜：省钱到家

　　日常家居生活的花费是巨大的，包括装修、水电、家庭日用品……还有物业管理费等等之类的费用。就如《蜗居》里的海萍在最后说道："每天一睁开眼，就有一连串数字蹦出脑海：房贷6000，吃穿用度2500，冉冉上幼儿园1500，人情往来600。"

　　"交通费580，物业管理费340，手机电话费250，还有煤气水电费200……也就是说，从我苏醒的第一个呼吸起，我每天要至少进账400，至少；这就是我活在这个城市的成本。"这也是我们大多数人在一个城市生活所需要花费的成本。

　　这样算起来是容易让人感到悲凉的，每月辛辛苦苦挣的工资就这样在日常的生活中流失了，想要省下一点钱是难上加难。不过不要灰心，本章将为您介绍各种家居生活省钱的妙招，让您在日常的家居生活中也能省下一大笔钱财，让您轻轻松松省钱到家。

第一节 家装绝招

家是一个温馨的港湾，是每个人都渴望拥有的。家庭装修得合理舒适，会让每一个人感觉到温暖幸福。如何在家庭装修中既装修得让自己住着舒服，又能节省装修开支呢？其实装修中是蕴含着大学问的，我们要懂得从各个方面节省钱财，并且将自己的家装修得温馨舒适。

一、选择设计方案

装修之前，首先要有一个装修的整体设计方案。此次装修的预算是多少，准备选用什么样的风格，是采纳设计师的建议还是自己装修，都要事先作好准备。这样才能为之后的装修实施奠定基础。

1.制定预算

为了节省开支，首先就是要制定装修预算，在开始装修之前，业主应该自己先到建材市场逛逛，看看装修要用到的这些东西到底值多少钱，首先要在心里对于价格有一个大概的概念。然后自己衡量一下，我装修打算用多少钱，可以承受什么档次的产品。这样就有一个大概的预算。

制定预算要注意的事项包括：装修材料的规格、档次，房间设计功能，施工队伍的选择，施工队伍的资质的高低，施工条件的好坏、远近，施工工艺的难易程度。

价格预算要能表示出每个装修项目的尺寸、做法、用料（包括品牌、型号或规格）、单价及总价。要尽可能地提供详细的做法、材料及样板。

制定预算之后才能选择之后的装修风格、材料和装修队伍。

2.选定适合自己的风格

装修之前一定要对自己此次的装修风格做到胸有成竹，选择适合自

己的风格，让自己住着舒适，看着开心，并且也要考虑到自己的装修预算额。以下为您介绍几种不同的装修设计风格，供您根据自己的实际情况进行选择。

（1）现代前卫风格

比简约更加凸显自我、张扬个性的现代前卫风格已经成为艺术人类在家居设计中的首选。无常规的空间结构、大胆鲜明对比强烈的色彩布置，以及刚柔并济的选材搭配，无不让人在冷峻中寻求到一种超现实的平衡。

该风格强调个人的个性和喜好，但在设计时要注意适合自己的生活方式和行为习惯，切勿华而不实。

（2）现代简约风格

对于不少青年人来说，事业的压力、繁琐的应酬让他们需要一个更为简单的环境给自己的身心一个放松的空间。不拘小节，没有束缚，让自由不受承重墙的限制，是不少消费者面对家居设计师时最先提出的要求。而在装修过程中，相对简单的工艺和低廉的造价，也被不少工薪阶层所接受。

（3）温馨的雅致风格

如果你喜欢欧式古典的浪漫，却又不想被高贵的繁琐束缚；如果你喜欢简约的干练，但又认为它不够典雅，缺少温馨，那么不妨尝试雅致主义的设计。该种风格的空间布局接近现代风格，而在具体的界面形式、配线方法上则接近新古典，在选材方面很注意颜色的和谐性，很适合都市白领一族。

（4）高贵的新古典风格

"形散神聚"是新古典风格的主要特点。在注重装饰效果的同时，用现代的手法和材质还原古典气质，新古典风格具备了古典与现代的双重审美效果，完美的结合也让人们在享受物质文明的同时得到了精神上的慰藉。该种风格注重线条的搭配以及线条与线条的比例关系。

（5）怀旧的新中式风格

新中式风格在设计上继承了唐代、明清时期家居理念的精华，将其中的经典元素提炼并加以丰富，同时改变原有空间布局中等级、尊卑等封建思想，给传统家居文化注入了新的气息。没有刻板却不失庄重，注重品质但免去了不必要的苛刻，这些构成了新中式风格的独特魅力。

特别是新中式风格改变了传统家居"好看不好用，舒心不舒身"的弊端，加之在不同户型的居室中布置更加灵活等特点，被越来越多的人所接受。此种风格的木质材料居多，空间之间的关系与欧式风格差别较大，更讲究空间的借鉴和渗透。

（6）休闲的美式乡村风格

一路拼搏之后的那份释然，让人们对大自然产生无限向往。回归与眷恋、淳朴与真诚，也正因为这种对生活的感悟，美式乡村风格给了我们享受另一种生活的可能。美式乡村风格摒弃了繁琐和奢华，并将不同风格中的优秀元素汇集融合，以舒适机能为导向，强调"回归自然"，使这种风格变得更加轻松、舒适。

美式乡村风格突出了生活的舒适和自由，不论是感觉笨重的家具，还是带有岁月沧桑的配饰，都在告诉人们这一点。特别是在墙面色彩选择上，自然、怀旧、散发着浓郁泥土芬芳的色彩是美式乡村风格的典型特征。

美式乡村风格的色彩以自然色调为主，绿色、土褐色最为常见；壁纸多为纯纸浆质地；家具颜色多仿旧漆，式样厚重。

二、装修选材

装修的选材是很重要的，占据装修费用的最大部分，选材得当，就能省下一大笔装修费用。那么，在装修选材中，如何做到既选到合适的材料，又节省开支呢？

1.水电工程

水火无情，材料一定要好，原来开发商留下的东西，最好还是换掉！

①看看配电箱——如果里面的东西是没牌的，一定要换掉！

②电线——熊猫或中策。

③开关插座——梅兰日兰、奇胜、西蒙、TCL。

④水管——爱康、皮尔萨、洁水。

这些东西假货很多，如果您搞不清真假，去好美家、百安居等大商场，虽然价格贵点，但绝对质量优良，长期算下来也是省钱的。

2．厨房

①橱柜：

台面：建议600～1000/米的人造石，性价比较高。

柜体：推荐三聚氰氨板的，性价比最高，易擦洗，结实耐用。

②灶具脱排：推荐华帝、方太，性价比最高。

③水槽：摩恩、佛兰卡、得而达。

3．卫浴

①热水器：建议用燃气的，不受水量限制。如不是多人同时洗澡的话，11升就够了。

②马桶：TOTO、科勒、乐家、美标、箭牌，造型比较漂亮大气，质量又好。

③台盆：推荐品牌同上。装修时别忘做成墙排水，这样一来不管用什么式样的台盆，下水管都能藏起来。

④水龙头：TOTO、科勒、乐家、美标、摩恩、得而达，性价比最高，质量可靠，造型漂亮。

4．地板

复合地板比较结实耐用，可以选择漂亮的花纹，且基本没有色差；缺点是脚感较硬，不及实木地板舒服。实木地板脚感舒服，更显气派；但价格较高，且保养费事，十分娇嫩，稍不小心就砸个小坑，无药可救。

同样材质的地板，价格往往不同，有的甚至差异很大，主要是因为树龄、选材、加工工艺等的差异，建议选择大品牌，质量比较有保证，还提供很好的售后服务。

5．木材

①地板：一般采用烘干落叶松，应检查木材质量，是否有腐烂、虫

眼；别以为实木板一定环保，都是指接板，同样用了大量的胶水，应关注；密度板、刨花板应采用E0或E1级的。

②房门：尽量挑选实木框架的，一般500元左右的就不错了。别买那种500元3扇门，质量太差，门锁都没法装。

6.锁、门合页、门吸

最好的当然是不锈钢的或者铜的，但价钱较贵。不锈钢锁一般至少300元，门合页、门吸总共180元左右。房门1000元以下的，似乎无此必要。价格较低些的，可以选择合金的。合金强度比不锈钢、铜稍低，但日常使用绝对没问题。应选择较为厚实的产品，肯定没问题，此类产品性价比较高。

三、选择装修队伍

是选择请别人装修还是自己动手装修，请别人装修是请专业的装修公司还是请业余的装修队，这些都要着重考虑，选择正确，才能使自己的家装适合自己，更能省下钱财。

1.选择装修公司还是装修游击队

选装修公司还是装修队，这是一个大部分打算装修的业主都考虑过的问题。有的人说，反正装修都是人在做，找装修公司让他们做赚一层管理的钱还不如找装修队。这只是一个说法而已。

家装的确是一个很个人的东西，公司好不好、品牌强不强，归根到底都是工人在干活。装修到底是选择装修队还是装修公司，没人能够给出一个标准答案，也没有人可以帮别人作这个决定。因为不确定性因素太多，没有人可以帮别人承担这个决定的后果。

当然这个市场上也存在一些认认真真干活、靠口碑相传带来客户、踏踏实实的装修队，这种装修队是可遇不可求的。但是装修公司售后有保障，这点也是装修队很难撼动的压倒性优势。

2.自己也可以动手装修

装修不一定要靠别人，自己动手也完全可以完成装修，只要自己多花

心思，就一定能够将自己的家装修得既漂亮舒适，还为自己节省钱。

菲菲的装修过程几乎就是完全自己完成的。首先，她先根据自己的价格底线和自己的喜好选定了一款白枫板式家具，这样就基本上定了整个装修的基调。

她又自己选定了客厅背景墙的装修方式——贴墙纸，并且自己选了墙纸，又便宜又新颖。接着她根据房屋的结构，做了一小部分吊顶进行横梁的掩饰。卧室的一面墙也是贴的壁纸。接着，菲菲又选定了瓷砖、橱柜、洁具、灯具等建材。

在选任何一样材料时，菲菲都严格控制预算，多花心思，多花时间，只选好的，不选贵的。这样，菲菲一趟装修下来，既将自己的小窝装得舒适漂亮，更是比请人装修节省了一大笔的钱。

第二节 省水纪律

水价看似低廉，然而如果我们不懂得节约，天长日久，也是一笔大的开支。随着环保意识的提升，以及不久的将来，水费调涨解冻，滴水如金，遵守省水纪律，从日常生活各种小处省水，成为人人都应正视的课题。

前不久的旱灾，让我们体会到节水的重要性，亲爱的朋友们，节约每一滴水吧！不要让世界上最后一滴水变成你的眼泪。

1.改装省水器材

①新盖房屋务必使用省水马桶或在一般型马桶上加装两段式冲水配件，每次可省6升水。

②将马桶水箱底的小浮饼拆下，直接透过按水开关控制出水量。

③将小便池自动冲水器冲水时间缩短。

④选用、改用节水水龙头和莲蓬头，将全转式改为四分之一转。

⑤选栽耐旱庭园植物，在早晚阳光微弱蒸发量少时浇水。

⑥选用自动调节水量的洗衣机。

2.洗脸：水龙头别一直开

水龙头一开就有水，因取得便利，经常不知不觉就浪费掉。平时洗脸时，步骤如下：开小水沾湿脸部、关上水龙头、涂上洗面乳、开小水洗净、关紧水龙头。水量不宜大，随时关水不浪费。

3.洗澡时用盆洗脸

洗澡时，将等待热水前的冷水以小脸盆接下，拿来洗脸，一盆完全洗净，用完还可冲马桶。

4.刷牙：关水龙头

不少人刷牙，边刷边任水龙头开着，岂知流走的是宝贵资源也是金钱。刷牙时不要开水龙头，最好以装满一个约200至300毫升的漱口杯为限，一次就用一杯，这样已经足够。万一觉得漱不干净，再续杯即可。

5.水龙头要关紧

水龙头若不关紧，水在不知不觉中一滴一滴地漏，一天会漏约30升，相当于50瓶600毫升的矿泉水，十分惊人，关好水龙头是必须养成的好习惯。

6.洗地：废水再利用

无论是洗阳台或屋前空地，都尽量不直接从水龙头接水管冲洗地面，这样太浪费水。最好善用从冷气、除湿机、洗衣、洗米或洗澡等累积的余水来洗地，既不浪费水又能发挥废水功能。

7.洗车：水桶取代水管

用水管冲洗爱车固然过瘾，但水管冲洗没有节制，无形中造成用水的浪费。用洗车精擦洗爱车后，用水桶装水，以抹布擦洗，会比水管冲车省水很多。

8.喝不完的水：回收再用

生活中有不少喝不完的水，形成浪费，例如上班族常将没喝完的瓶装

矿泉水遗留在桌上，学生没喝完水壶的水，宠物水瓶的水没喝完……这些水因为不新鲜在隔天被倒掉，累积起来很可观，都可再次利用，灌溉室内植栽，也可当作冲洗或拖地用水。

9.自备杯子

最好的办法就是不买矿泉水，在办公室自备杯子，喝多少倒多少，滴水不浪费，环保又卫生，更不制造空瓶垃圾。

10.收集雨水

可在顶楼、阳台或一楼庭院，以盆、桶盛接雨水，用来冲洗马桶、浇花、洗车、打扫，都很好用。这可是老天赐的水喔，还有小学针对收集雨水举办创意比赛呢。

11.一水三洗

一鱼可三吃，一水可以三洗，淋浴洗澡时，一起洗脸和刷牙，三种清洁任务一次完成，毕其功于一役，省事也省水。

12.收集除湿机或冷气机的废水

可冲马桶、洗地、浇花，用途多着呢。

13.收集鱼缸的水

回收后浇花最好，但在浇花时也应注意别乱洒，喷壶对准花的根部。

第三节 省电关键

节约用电，不仅是我们每一个人的责任和义务，日积月累还能为我们自己省出一笔不小的费用。一举两得，何乐而不为呢？那就让我们一起来注意一些省电的关键点，学习一些节电小知识吧！

一、空调、冷气机

①冷气设定温度每提高1℃可省电6%，温度以设定在26℃为宜。如在东西向开窗，应装设百叶窗或窗帘，以减少太阳辐射热进入室内，降低冷

气用电量。

②停用冷气前5分钟可先调高温度设定，维持送风可较省电。

③冷气房内避免使用高热负载用具，如熨斗、火锅、炊具等。

④冷气运转中应关妥门窗，尽量减少进出房间的次数；对于开放式商店则应于入口处装设空气帘以减少冷气外泄，以免增加耗电。

⑤冷气房内配合电风扇使用，可使室内冷气分布较为均匀，不需降低设定温度即可达到相同的舒适感，并可降低冷气机电力消耗。

⑥在购买空调时应该尽量选择能效标识较低的空调，能效标识1级比5级的空调节电约36%。

⑦在安装过程中应该把空调安装在避开阳光直射的位置，如果实在要这样安装，最好在空调上安装一个遮阳装置，这样才能提高空调的运行效率。

二、电视机

①调整适当音量和亮度，避免额外耗电。

②遥控器电源关闭后电视机处于待机状态，仍持续耗电，因此就寝时或数小时不看应关闭主电源。

三、电冰箱

①食物应先冷却降温再放入冰箱，避免浪费冷能。

②电冰箱不要塞满食物，储藏量以八分满为宜，以免阻碍冷气流通，避免负荷过重。

③减少开门次数，电冰箱门每开一次，压缩机需多运转十分钟才能恢复低温状态。

④电冰箱门应经常保持密闭。

四、电扇

使用电扇以微风为宜，开强风比开弱风多用50～60%的电力。

五、电锅

①煮饭前米先浸泡30分钟再煮。

②保温时将锅盖盖好。

③不用时将电源插头拔起。

六、微波炉

1.微波炉适合食物的加温和解冻，参考微波食谱做菜省电效果好。

②密封食物应开启后再放入微波炉加热。

③烹调食物前，可先在食物表面喷洒少许水分以提高微波炉的效率，节省用电。

七、照明灯具

①选用有节能标志之萤光灯管。

②采用省电灯管，较传统白炽灯省电约60%以上。

③选用节能电子镇流器，可较传统镇流器省电30%。

④选用配合电子镇流器使用，发光效率高，演色性高的高频三波长日光灯管为最佳选择。

⑤40W单管日光灯(含镇流器)较20W双管日光灯效率高出30%以上。

八、热水器

①燃气热水器比电热水器更省能，而即热式电热水器又比储水式电热水器更省电。

②中南部适合选用太阳能热水器。

九、洗衣机

①将衣服集中到洗衣机容量的7～8成再洗，效率最好，衣料损伤也少。

②一般脱水以3分钟为宜，尼龙衣料1分钟即可。

③洗衣前先浸泡20分钟再洗，可洗得较为干净。

十、吸尘器

①使用前先将地面较大杂物清除，使用适当吸嘴。

②集尘袋装满立即更换，经常清洗滤网。

第四节 日用品省钱绝招

日用品消耗是家居生活的巨大开支，但日用品又是生活中所必需的，不能不用。如果想要节省钱财，就要懂得一些购买、使用日用品的小招数，只有这样，才能在日用品消耗这方面省得钱财。

一、怎样购买最省钱

1.较重日用品省钱技巧

适用于：单件重量大价格低的商品。

典型商品：洗发水、沐浴露、浴盐等。

省钱技巧：

①三件以上组合搭配购买，尽量买套装。

②单件商品选择团购。

2.简单小商品购买省钱技巧

适用于：快速易耗品，单价不高，优惠幅度不大，购买频率高。

典型商品：牙膏、牙刷等。

省钱技巧：

按一段时间几种不同的功能一共多少人使用，组合购买，既省您的物流成本、购买成本，又省您的购物时间。

二、这八样日用品你别买

世道艰难，省钱却并没有想象的那么辛苦。每次购买日用品之前，一定要想想有什么是你不需要买的。以下是你不需要的八件物品。

（1）牛仔裤

平均每个女人有8条甚至更多的牛仔裤。75%的人都让牛仔裤闲置着。

（2）盒装面巾纸

研究发现没有盒子的纸巾更好用。

（3）大整理箱

如果你不使用它，那它就不算便宜品。买它就是一种浪费。

（4）空气清新剂

如果你的房子有异味，那就打扫吧。这可以解决恶臭的问题。

（5）排毒品

虽然茶叶、清肠片，甚至日本脚垫号称能给你的身体排毒。可你的肝脏和肾可以免费帮你排毒。

（6）家用健身器

大多数健身器买回来就从未使用过，想挂湿袜子有更便宜的方式。

（7）卫星导航仪

绝大多数的开车人都知道路。如果你不知道，网上的导航可是免费的。

（8）恶作剧的礼物

恶作剧的礼物只是一时的好笑罢了，何况它们也未必有多好笑，而且这些玩意儿不能退款。这些礼品最后只能成为矫揉造作的小饰品。

三、这样使用最省钱

洗发水、洗衣粉、牙膏、纸巾、炒菜用油……这些看似花费很少的日用品，其实如果你不注意，大手大脚习惯了，长久下来，也是一笔不小的开支，它们会在不知不觉中抽空你的钱包，让你省钱的愿望落空。这些日用品的使用是有一些方法技巧的，只要你照着这些方法坚持下来，一定会省下钱财。

1.洗发水

①选择洗发水时，一定要根据自己的发质，选择适合自己的洗发水，

否则用再多的洗发水也洗不出好的效果。

②洗发时，将头发湿润后，先要将洗发水倒在掌心并揉搓出泡沫，这样在洗发时就会产生更多的泡沫，不仅效果好，更节约了洗发水，清洗起来也比较容易。

③洗发水用完后，一定要盖紧，放在阴凉处，减少挥发。

2.洗衣粉

①如果是手洗衣服，在洗之前，先把衣服用洗衣粉浸泡15分钟，这样在之后的搓洗中就只需要少量的洗衣粉了，并且还洗得干净。

②把衣服放进洗衣机，再加洗衣粉适量，好了，开始洗了，这时你可不要走开，等着洗衣机进完水开始转几分钟的时候，赶紧按下暂停键，因为这个时候洗衣粉已经被溶解均匀了，停下来让衣服在洗衣粉溶液中浸泡15分钟，再开始洗涤，这之后就不用再加洗衣粉了，并且可以使衣物洗得更干净。

③每次放进洗衣机的衣物量要适当，太少费电；太多，会造成洗衣粉的浪费，并且洗衣机超负荷，减少使用寿命。

④用较多的洗涤剂或洗衣粉连续洗几批衣物，然后再分开漂洗干净，这个洗衣方法特别省洗衣粉，不信大家可以试试。

⑤用洗衣机洗衣服还要注意选择合适的水位，水量太多，会增加波盘的水压，并且需要大量的洗衣粉。

⑥把不是很脏的衣服集中在一块洗，少放些洗衣粉，洗得快还可以省洗衣粉

3.牙膏

（1）选择合适自己的牙膏

这样每次使用时可以只挤一点点，就能刷好了。

（2）买一个挤牙膏器

市面上有卖那种专门用来挤牙膏的挤牙膏器，小巧玲珑方便好用，可以让你每次挤出的牙膏都是一样的量。同样的一管牙膏，如果使用了挤牙膏器，不仅能多用半个月，并且因为每次都使用一样的量，也有利于牙齿

的健康。

（3）牙膏也可以用完

牙膏使用得差不多时，虽然大家都知道里面还有牙膏，但苦于挤不出来，往往都一扔了之。其实，这样做实在很浪费，这里有一个好办法一起与大家分享。

就是当家里的牙膏快用完时，不妨把牙膏管放进热水里浸泡5分钟左右，然后再把它取出来进行拧挤，这样剩余的牙膏就很容易被挤出，而你的牙膏就可以用到最后，直至里面的牙膏全部使用完。这样又省钱又环保，大家可以试试看！

4.纸巾

①每次洗完手，多甩几次，这样就可以少用一块纸巾。

②擦桌子用抹布，别用纸巾，这样太浪费，用抹布擦得干净又环保。

③大家都知道，如今买的纸巾都有好几层，大家如果只是擦脸去油，可以将纸巾的几层分开使用，很节省。

④各种纸巾应分类使用，这样绝对可以省钱。

5.炒菜用油

（1）用荤油

大家都知道荤油，虽说现在猪肉提价了，但是作为边角料的脂肪油还算便宜（和色拉油比起来的话）。所以，大家可以用老式办法储油，在家里炼荤油，顺便还可以吃吃油渣。

（2）蜂蜜当油也可以用

炒出来的菜很甜很鲜美。

（3）鸡汤做油

吃一次鸡可以用三天油，鸡汤炒菜也是十分鲜美。

（4）凉油炒菜法

大家炒菜，都是先热油后炒菜，其实先加水，以水代油炒，出锅前才加入少量的油和盐，不仅好控油，味道不变，还能减少厨房油烟，并且色泽好看很健康。

（5）水滑炒菜法

将原料配好，加入调味品并上浆渍好。然后，倒入开水中滑开取出，置于加少量食油的炒锅内煸炒上汁。

（6）炒蔬菜时适当盖上锅盖

很多人炒蔬菜时总敞着锅盖，认为这样才会青翠好吃。可这样就必须在锅里倒进许多油，用大火爆炒。要是放的油少了，炒很久都不容易熟。那么，怎样炒菜才能用油少，又熟得快呢？

窍门很简单：在适当的时候盖上锅盖。炒菜时，先在锅里倒少量油，加热后，倒入蔬菜翻炒。将锅里蔬菜翻炒三四遍，大约十几秒钟后，往锅里加入一点点水。注意，不是将水加在菜里，而是把水浇在炙热的炒锅边上。

此时，锅里会产生大量水蒸气，马上盖上锅盖，焖上几秒钟。再打开锅盖，略微翻炒，加入调料就可以了。因为水蒸气导热作用特别强，能让蔬菜迅速炒熟。炒菜时加上锅盖，不但能减少烹饪时营养素的损失，还省煤气，更环保。不过开始炒菜时要先敞盖炒，这样蔬菜才不会变色。

（7）炒青菜少用油

①将青菜洗净，浸泡在清水中。

②在锅内放入少许油，将青菜放入锅中，盖上锅盖，开中小火。

③待二至三分钟后，锅边有蒸汽冒出，打开锅盖，放入调味料，搅拌一下，即可。就这样一盘青菜就炒好了，怎么会有油烟出现呢？

（8）做肉不用油

①将肉洗净切好，配料备好。

②在锅内放糖、酱油，开中火。

③待糖溶解后，放入肉和配料，加入半杯料酒，搅拌均匀。盖上锅盖，调小火。20分钟后，即可。

第五节 回收利用决胜负

家里的日用品，用旧了或是坏了之后，就被我们扔掉了，实在可惜。如果都能回收再利用，自然是省钱的好办法。这些废旧品被我们回收利用之后，又产生了新的用途，减少了污染，有利于环保，也是我们懂得生活的体现，更重要的是，不需要我们花钱买新的，非常省钱。

一、生活中可回收资源

走在大街上，各种回收站、垃圾中转站随处可见。这些回收站都接收一些可利用的资源，我们平时就可以把家中自己不用的物品送到回收站，既可以节省家庭空间，更能卖到钱。

①废纸：报纸、书本纸、包装用纸、办公用纸、广告用纸、纸盒等，注意纸巾和厕所纸由于水溶性太强不可回收。

②塑料：各种塑料袋、塑料泡沫、塑料包装、一次性塑料餐盒餐具、硬塑料、塑料牙刷、塑料杯子、矿泉水瓶等。

③玻璃：玻璃瓶和碎玻璃片、镜子、灯泡、暖瓶等。

④金属：易拉罐、铁皮罐头盒、牙膏皮等。

⑤布料：主要包括废弃衣服、桌布、毛巾、布包等。

二、回收利用举例

有的物品在废旧之后，不一定要拿到回收站卖，还可以自己动手，制作成有用的新物品，让旧爱变成新欢，既能体验到生活中的乐趣，更可以节省钱财。

1.空饮料瓶改成清洁水漏

厨房里面少不了的就是洗碗百洁布，保持百洁布的清洁对我们的健康是很重要的，而空饮料瓶恰恰可以被利用，制作成清洁水漏，让厨房百洁布保持干爽。

需要材料：旧饮料瓶、剪刀。

制作步骤：

①准备旧饮料瓶一个，最好选择长方形的，容易收纳各种形状的百洁布。

②从中间靠上的部分裁开，然后处理好切口。

③把瓶口向下插到瓶子下半部分上就可以了。

百洁布放到旧饮料瓶做的清洁水漏中，水会顺着瓶口流到瓶底，随时都可以把水倒掉，方便实用，保证百洁布的干爽。

2.糖果盒制作成相架

吃完糖果后不要把漂亮的糖果盒扔掉，我们可以用这些透明的塑料糖果盒自己制作成相架。

需要材料：透明的糖果盒、广告纸、透明胶带、双面胶、剪刀、照片。

制作步骤：

①准备透明的糖果盒和广告彩纸。

②用剪刀将广告彩纸剪成碎片，颜色越多越好，将透明糖果盒装满。

③用透明胶带将盒子边缘封好。

④最后用双面胶贴上自己喜欢的小照片或者卡片。

3.报纸制衣架

晾小孩的衣服时会遇到衣服小衣架大挂不上的情况，太大的衣服，晾后又会在肩膀处留下衣架边的痕迹，衣服就显得不平整。下面用旧报纸来解决这个问题。

将旧报纸沿对角线卷起来成为一个细棍，用胶带把口封好，把报纸棍放到衣服的肩膀处，找到衣服肩膀处的两个点，按住，以这两个点为折点，把报纸棍两端向上折，折上去的两段调整到一样长度，用胶带粘牢，衣架就基本做好了。

剪掉多余的部分，用S钩就可以轻松地把衣服挂上去了。如果衣服比较大，可以用两张报纸并排卷成棍就可以了。

4.废旧磁带或低劣的磁带

废旧的磁带易损坏磁头，不能上机使用。但是它却是很好的装潢材料，它可以用来给浅色的组合家具装潢表面。

粘贴方法：

①在油漆组合家具的最后一遍漆快干时，将废磁带拉直粘贴即可。

②组合家具油漆后，用白胶涂于磁带无光泽的一面，然后拉直贴于组合家具上。

5.废旧铁桶改簸箕

高级烹调油食用完，铁桶包装可改做簸箕继续使用。方法是在铁桶最小的两个对称长方形面上，沿对角线外一厘米的平行线剪去两个斜三角，包括原出油孔和三角外侧硬的卷边都剪掉，然后敲打油桶使其四壁紧贴在一起变成两壁，并把所有外露的锋口卷边敲平，一个小簸箕就做成了。

原桶壁很薄，做成双层壁的簸箕强度足够，这样家里就不用花买簸箕的钱了，只是注意在制作时不要划破手，不要让小孩触摸。

6.嚼过的口香糖

鞋子脱胶时，可将嘴里已挤干糖分的口香糖渣吐出，把它塞进开口的鞋帮缝隙里，然后用力揿几下，鞋跟与鞋帮就会紧紧地粘在一起，其粘合牢度甚至胜过一般的胶水，效果非常的好！

7.蚊香灰

蚊香灰内含有钾的成分，可作为盆花的肥料，只要在蚊香灰上略微洒些水，便可将其施入盆中，很容易被花木吸收利用，让花木更茂盛。

8.自制袜子收纳盒——改造牛奶盒

喝完的牛奶盒、饮料盒大家多半是扔掉了，其实这种包装是一种结实耐用的材料，而且还防水，更是增加了它的再利用价值。用牛奶盒可以自制简单的袜子收纳盒。

首先准备好20个牛奶盒（200ml）、剪刀、双面胶、亚克利颜料、花边、标签。收集了20个喝完了的牛奶盒之后，将它们洗干净后晒干，并干净地剪掉口子周围褶皱部利用两面胶粘贴在一起，用标签胶粘贴顶部。

然后侧面涂上亚克利颜料（蓝＋白），晒干，用两面胶把花边贴在盒子周围，这样就简单完成了，就可以把一双双袜子卷起来收纳在盒子里面。

9.鞋盒变身亮丽花盒

自己亲自动手可以将几个鞋盒改造成美丽的花盒。方法很简单，就是用漂亮的纸在鞋盒外包一圈。然后随便打个小花束搭在盒子边沿，就很好看！如果再在上面放上自己的心爱玩偶，那就更生动有趣了！

有的朋友担心这样的花盒中花的保鲜问题，其实很简单，我们可以用塑料纸将花束下端包起来，然后里面就可以装水了。或者先在花茎下部包上吸水的棉花或餐巾纸再包塑料纸，那样不用加多少水保鲜效果也很好，而且也不用担心花束斜放在盒子里，溢出水来。

也可以将花束和小礼物一起装在盒子里，再系上好看的丝带送给朋友，那就更是一份完美的礼物了！

10.废旧酒瓶变花瓶

亲爱的朋友们，在你准备将喝完酒的酒瓶扔掉时，一定要看看下面的文字，有的酒瓶如果外观好看，就可直接用作花瓶，雅致好看不说，还能省去买花瓶的钱；如果你觉得外观不好看，可以找一些漂亮的包装纸，贴上去之后就又是一个美丽的花瓶了。

11.旧T恤、旧睡衣巧做桌垫

穿旧的旧T恤或者旧睡衣怎样处理呢？我们可以用这种棉质很好的材料根据自己的喜好亲手做一个桌垫，非常漂亮！余下的棉布也不要浪费，可以剪成小块放在厨房作为擦灶台的方便巾，或者是擦桌子的抹布。

12.旧布头和纸板做布艺相框

布艺相框大家肯定看到过，可是有没有想过自己亲手来做一个呢？其实没有想象的那样难，找来一些喜欢的旧布头和一张旧的硬纸板，就可以自己动手制作漂亮的布艺相框。

需要准备的材料：布头、硬纸板、针线、双面胶、蓬松棉、照片或者图片。

步骤：

省钱大作战

①先准备好一张比照片要宽的硬纸板，宽出的尺寸要根据你的喜欢和照片（图片）的大小来决定。

②再用硬纸板剪出四条相框的边，各角剪45度斜刀，对出相框。

③准备出四条比边框纸板宽出2厘米的布条，用布条将边框硬纸板包裹住，先用双面胶和针线固定一部分，然后里面填充蓬松棉后全部粘牢。

④边框全部处理好后再用双面胶将其粘到准备好的大纸板上，请注意：只需要粘好三条边，留一边方便插取图片。边框接缝处可用针线缝制加以固定。

⑤最后将你喜欢的照片或图片插到相框里，即大功告成了，不用花费你一分钱，还能保护你的靓照。

13.旧物自制拖鞋

将穿破、旧了的厚泡沫凉鞋底剪下，用灯心绒或平绒布裁成拖鞋面，再用旧毛毯或旧呢衣料裁成拖鞋面的里子，然后用缝纫机缝成一个带夹层的拖鞋面。最后把旧泡沫鞋底放进夹层里，用线缝结实，再裁一双鞋垫铺在里面，这样一双简易实用的拖鞋就做成了，不仅环保省钱，穿着也很舒服。

14.用旧信封做保护书本的实用书角

用旧信封可以制作保护书本的实用书角。不要小瞧这个书角，它可是保护我们爱书的好帮手。大家都知道书角是很容易受损的，而套上书角后，书就不会卷边，可以很好地保护到爱书。当把书角插到书页里还可以起到书签的作用，多做几个还能做书里的标签。环保、方便、实用、省钱……这些都是信封书角的优点。

需要材料：旧信封或广告信封、剪刀。

制作步骤：

①准备旧信封或广告信封，如果没有也可以用广告纸，把它们粘合后制作。

②剪下旧信封的角，可以剪大一些，用起来更方便。

③将剪好部分直接套到书角上，一个实用书角就做好了。

15.旧的复写纸再利用

很多人把复写纸用旧后就丢了，其实旧的复写纸还可以再使用。把用旧的复写纸在温热的地方，如暖气片上、炉旁等，烘烤一下，还可继续使用一段时间。

16.废瓶盖的各种妙用

（1）洁墙壁

将几只小瓶盖钉在小木板上，即成一个小铁刷，用它可刮去贴在墙壁上的纸张和鞋底上的泥土等，非常干净，用途很广。

（2）垫肥皂盒

肥皂长期与水接触，既会使功用减弱，还用得快。将瓶盖垫在肥皂盒中，可使肥皂不与盒底的水接触，这样还能节省肥皂。

（3）制洗衣板

将一些废药瓶上的盖子（如青霉素瓶上的橡皮盖子等）搜集起来，然后按纵横交错位置，一排排钉在一块长方形的木板上（钉子必须钉在盖子的凹陷处），就成为一块很实用的搓衣板。因橡皮盖子有弹性，洗衣时衣服的磨损程度也比较轻。

（4）护椅子的腿

在地板上移动椅子时常会发出刺耳的响声。为避免这一点，可在椅子的腿上安上一个瓶盖（如青霉素瓶上的橡胶盖）作为缓冲物，这样既不会发出刺耳的声音，又可以保护椅子的腿。

（5）护房门面

将废弃无用的橡皮盖子用胶水固定在房门的后面，可防止门在开关时的碰撞，起到保护房门面的作用。

（6）修通下水道的搋子

通下水道的搋子经过长时间使用后，木把就与橡胶脱离了。碰到这种情况时，可以找一个酒瓶铁盖，用螺钉将瓶盖固定在木把端部，然后再套上胶碗就可以免除掉把的现象。

（7）止痒

夏天被蚊虫叮咬奇痒难忍，可将热水瓶盖子放在蚊子叮咬处摩擦2秒钟，然后拿掉，连续2次，剧烈的瘙痒会立即消失，局部也不会出现红斑。瓶盖最好是取自90℃左右水温的热水瓶。

（8）养花卉

取一只瓶盖放在花盆的出水孔处，既能使水流通，又能防止泥土流失。

17.巧用废海绵

废海绵的妙用对花木是非常有好处的，使花木能长时间得到很充足的水分。方法是将废旧海绵放在花盆底部，上面盖一层土，在浇花的时候，海绵可以起到蓄水作用，较长时间地供给花木充足的水分。

18.牙膏皮堵铝锅、铝壶漏洞

生铝锅、铝壶漏了，可将废旧金属牙膏皮拆开洗净捻制成小棒（粗细按漏洞的大小确定），捻得越紧越好，然后，把小棒截成小段，塞入漏孔中铆紧，周围再抹点熟石灰泥子，即可将漏洞堵住，这种堵法特别有效，保证之后不会再漏。

19.牙膏头上的塑料盖子

牙膏头上的塑料盖子可以制成坠子，色彩鲜艳，精致美观。方法是在其中心穿孔，穿引台灯或一般白炽灯开关拉线，即可使用了。

20.过期啤酒的妙用

当您家中有剩啤酒或者过期啤酒时，可不要随手倒进下水道。看了下面的文章您就会了解啤酒是多么的有用了。

（1）洗发和润发

大家都知道啤酒中含有大麦中的营养成分和啤酒花，用啤酒洗发可以让头发柔顺、富有光泽，还能去屑。啤酒洗发前可先用洗发液把头发清洗干净，然后再用加入啤酒的水来浸泡或者漂洗。

（2）清洗真丝衣物

用啤酒清洗真丝衣物，可以使衣物平滑，色泽鲜艳，恢复原来的样子。先将啤酒倒入冷水中，然后将清洗干净的衣物泡入，浸泡时间约15分钟，捞出再漂洗干净后晾干。

（3）衣物增色

用加些啤酒的水浸泡深色衣物，可以使衣物变得柔软，恢复原本的颜色。新衣物泡过后还不容易脱色。

（4）擦玻璃

用啤酒擦玻璃是个很好的方法，因为啤酒中含有酒精，而且又是胶体溶液，所以用它擦玻璃，其中的酒精很快就会挥发掉，玻璃会变得干净透亮。

（5）擦植物

这是花卉市场里常用的方法，用软布沾啤酒直接擦拭大叶子植物的叶子，可给叶面施肥，经常擦拭能让叶子变得油亮而富有光泽。

（6）浇花

啤酒是微酸性的，可以调节土壤的酸碱度，能够使喜酸的花卉长得更茂盛。把少量啤酒直接浇到花盆中即可。

（7）鲜花保鲜

啤酒还可以使鲜花保鲜，因为啤酒里含有酒精、糖还有其他营养成分，所以在插鲜花的容器内加一点啤酒，就能延长鲜花的保鲜期。

（8）擦拭冰箱、去除冰箱异味

用沾有啤酒的布来擦拭冰箱，可以去污、杀菌，还能去除冰箱里的异味。

（9）烹调食物

①做肉菜的时候，可以先用一点啤酒淹肉，肉会变得软嫩。

②炒肉菜时可用啤酒将面粉调稀后淋在肉上，让炒肉鲜嫩可口，烹调牛肉效果更好。

③做鸡时，可将鸡放在盐、胡椒和啤酒中，浸渍一两个小时，就能去掉鸡的膻味。

④将烤制面包的面团中揉进适量的啤酒，面包既容易烤制，又有一种近乎肉的味道。

⑤做肥肉或脂肪多的鱼时，也可以加一杯啤酒，去除油腻效果特别好，让你吃着肥而不腻，还更加香甜。

21.泡过的茶叶

无法用水冲洗的地板(如楼梯间、阳台)，在清洁时可用微湿的茶叶撒在地上，再用扫帚扫。不仅不会沾上水，茶叶还能带走尘土，让地面恢复干净，还可顺便除臭。

22.煮面水

煮完面，别急着将水倒掉。含淀粉粒子的煮面水是很好用的天然洗洁精，尤其趁热洗碗盘，效果加分！煮面水用来洗碗盘，不需任何清洁剂，就能将碗盘洗得清洁光滑，尤其洗玻璃杯，更是亮晶晶。煮面水有热度时，更易清洗。

轻度到中度的油污都可快速除去，是超好用的天然洗洁精，没有任何污染，效果奇佳。

第八章
生活省钱小战略

在我们的一生中，要用钱的地方太多了！这些生活中方方面面的花销，是我们钱包的强劲敌人，在我们的大手大脚中，在我们的不知不觉中，让我们的钱包迅速瘪了下去。要想省钱，就要在生活的各个方面懂得节省，运用各种省钱的技巧、方法，让钱财越省越多，钱包越来越鼓！

省一分钱比挣一分钱容易，其实，只要你稍微留意，在生活中的各个小细节中，都可以省下来钱。本章就为您提供一些生活中的省钱小战略，让您在生活的各个方面，都可以成功地省下钱来，赢得这场省钱大作战的胜利！

第一节 结婚作战方案

结婚是一个人一生的一件大事，那时的人们一定是最幸福的，可在幸福的同时，人们忘了自己的钱财就在这奢华的婚礼中流失掉了。其实，并不需要奢华的婚礼，我们也可以拥有长久的婚姻。结婚也是一场省钱的战争，要想让自己的婚礼既显得风光，又能省下来钱，就得有一个结婚作战方案。

一、婚前做好预算才能"不差钱"

很多新人在筹备婚礼前都是"不差钱"的，但由于需求不明，以至于婚礼还没办完钱已经花完。其实举办婚礼也要理财，做好预算，剔除不必要开支，购物货比三家，放下面子不要攀比，才能做到婚礼"不差钱"。

1.婚礼前奏曲

（1）装修婚房，购置家具

新房装修首要原则是耐用，特别是水、电部分，毕竟住房装修是为了长期使用，如果经常发生维修和改动，不仅增加了额外的支出，并且浪费了时间，更影响到正常生活。

因此在选择材料和用具时要更多考虑质量，不能只考虑美观或是贪图便宜。用得时间长就是省钱。其次要考虑的是实用性，室内格局要符合生活规律和生活需要。

另外就是美观，一个典雅朴实的居室除了带来全家愉悦的心情之外，还向访客展现主人不凡的格调和宁静致远的境界。

做这个预算，要根据自己的实际情况，本着省钱的原则，保证婚房住着舒适，家具质量好。

（2）家电、家居用品

随着城市居民生活水平的提高，家电品种日益推陈出新，追求新款和高档已没有止境。

购买家电的目的是为生活提供方便，为生活增加乐趣，除了电视机、冰箱、洗衣机、音响、空调、煤气灶具、微波炉(消毒柜、热水器、浴霸已计入装修费用)等一些必需的家电，没有必要匆匆忙忙赶在结婚前一次购齐，购买时也没有必要只认准品牌。

在购买时本着质量精良、适合自己的财务状况的原则，这样做的预算才能最节省最划算。

2.婚礼序曲

（1）首饰

在对结婚首饰进行预算时，考虑到自己的财务情况，可以选择价位合适又别出心裁的首饰。

（2）婚纱摄影

新娘大都对婚纱摄影非常迷恋，预算时要考虑在内。

3.婚礼进行曲

（1）新娘妆

一般在拍摄婚纱照时可获赠婚礼当日的新娘妆，一定要抓住这个机会省钱，但预算时为防止因特殊情况，也要考虑在内。

（2）婚纱

婚纱都是一次性使用的，没有必要买来使用一天后束之高阁，所以婚纱可以考虑租用，预算时只考虑租用费用。

（3）服装

租一件婚纱后，还需再准备一件短的婚纱或礼服在婚宴上用。

（4）婚车

婚礼当日用车4辆，这应该算是比较低调的了。可以考虑借用朋友的车，但预算时要全部考虑在内。

（5）鲜花

新房和婚车用鲜花装点，另外算上人工费。

（6）活动

有的地方，婚礼当日新人及随同人员需到婚庆公司拍摄坐花轿、拜堂、入洞房等。

（7）鞭炮

有的地区的风俗——从娘家接新娘上轿、新娘下轿、新人到酒店，要放鞭炮以增添喜庆气氛，注意不可过量。

（8）摄影、摄像及处理

随着都市DV一族的增多，这项以往必须由专业公司来做的事，完全交给自己DV朋友来办了，再由我们在电脑上处理，也可以把数码照片打印出来，或做成数字化影集和录像，甚至可以刻录到光盘上。但在做预算时，仍需将这一项考虑在内。

（9）婚宴

根据适合自己的婚宴价格合理预算。

（10）喜糖和烟

除婚宴上当场分发喜糖之外，新郎新娘为答谢未能赴宴的亲朋、师长，也需准备一些喜糖。婚礼前后应酬的烟也是少不了的。

新人们在操办自己的终身大事做预算时，要以合适为原则，不要超过经济实力，这样才能做到真正的"不差钱"，不给今后的生活增添压力。

二、结婚费银子之方方面面

结婚的过程中，有的地方是很费银子的，在实施时一定要多加注意，必要时也可以采取另外的方式，让这些费银子的方方面面，既浪漫还不费银子。

1.结婚费银子之一：婚纱照

小林和妻子结婚时照婚纱照，一个定了4000的套系，一个定了6000的套系，最终整整花了10000元的人民币，实在是奢侈啊！

很多女孩子从小就会看着婚纱照流口水，可能也就这么一次如明星般闪亮的机会，各个影楼也就花样繁多，从造型到外景，各个套系，简直应有尽有。

其实很多照婚纱照的存在"二次收费"的情况，在你不知不觉中，就让你的银子哗哗流走了。

取代方式：

①两个人在阳光明媚的时候爬爬山、划划船，多留一些欢声笑语，记录下年轻时候的两人，再凑在电脑上一起做相册或视频，其乐融融。不仅接触大自然，浪漫美丽，更能省下这不必要的高昂婚纱照费用。

②自己租婚纱，找朋友帮着拍，不是一般的划算。

2.结婚费银子之二：钻戒

美钻配美人，似乎是传统了。连广告也说出"钻石恒久远，一颗永流传"这样美丽的句子，似乎钻石成了天长地久的爱情的象征。

其实，只要两个人感情好，戒指不是必需品，没有戒指的婚姻也可以浪漫，也可以拥有柴米油盐，也可以海枯石烂。

取代方式：

市面上很多银质的或是其他材质的戒指，外观别致，只要能挑选到让自己、让妻子心动的戒指，也是一件美丽浪漫的事情，那价钱更是便宜得难以想象。

3.结婚费银子之三：酒席

现在结婚，抢手的酒店可得提前半年到一年预定，亲戚朋友一窝蜂，在某某大饭店挂个"百年好合"，加挂之前劳心劳力照出的某一张婚纱照放大版，再找个婚庆公司昏昏沉沉地庆一天，劳民伤财啊！

取代方式：

两家最亲的亲戚一起吃顿饭，两顿也行，多少顿都行，总之家庭化就可以。然后双方朋友单聚几次，就像平常请客一样，避免别人被迫给份子钱，也方便自己，更能省钱。

4.结婚费银子之四：蜜月

蜜月是结婚很大的花销项目，当时是玩得开心了，等到蜜月完成，夫妻二人为琐碎的家庭生活操心钱的问题了，何必呢？

取代方式：

①杜绝流于形式，一个星期游遍半个中国，十天逛完欧洲的走马观花，既浪费钱又没什么收获。我们可以找个游客不是很多的小岛，过几天开心的没有电脑的日子，既放松心情，又玩得尽兴，更能省钱。

②不一定非要蜜月才出去旅行，只是工作一段时间，两人应该趁着假期出去放松一下，过过碧海蓝天的日子。

三、教你办一个既省钱又风光的婚礼

怎样才能办一个既隆重又热闹，既省钱又风光的婚礼呢？这确实成了许多年轻男女的烦心之事。特在此为您即将筹办的结婚庆典支上几招。

1.选择结婚日期有讲究

一般结婚的日期容易扎堆，有淡季和旺季之分。不妨选择个淡季的日子结婚，这样就能省下至少10%的费用。

如今，越来越多的新人愿意把婚期定在8日、18日或者28日，认为是个好口彩，谐音"发"。在这些被认定的"好日子"里，酒店通常生意很好，所以一般不打折。因此，不妨避开这些日子。一般来讲，每年的"五一"、"十一"前后都是结婚旺季，婚庆服务行业4月、5月、9月、10月最红火。6~8月份因为天气较热，所以结婚的新人比较少。

2.预订婚庆服务多用心

①大多数新人会选择在朋友圈子里口碑不错的摄影师、录像师和化妆师。至少不会被人"狮子大开口"，质量也相对比较放心。

②如果婚期赶在节日时，婚庆公司联系越早越好。在婚礼旺季，婚庆服务的价格也可能随供求关系的变化而上扬。

③选择婚庆公司时要注意他们的营业执照，谨防"黑公司"。签订合同一定要细，如摄像师应该拍哪些内容、拍多长时间、从何时开始拍、

用什么型号的摄像机等等都可以量化出来。选婚车不能仅听服务人员的推荐，最好看到实物，并把型号标于合同内。遭遇婚庆公司的暗算，一定要向"消协"投诉。

3.婚纱摄影有门道

虽说婚纱摄影一套下来要几千元，但如今结婚这似乎已经成了必不可少的一个环节。虽然很多婚纱影楼都纷纷打出了促销牌，但是也有一些细节要特别注意。

①建议婚纱摄影费用控制在1000～2000元左右。新人们完全可以要求影楼省去赠品，而在现金花费上争取最低。其实各个影楼都是有赠品的，只是很多新人不知道，错失了省钱的机会。

目前，市场上婚纱出租价格一般在100～700元，即使拍婚纱照可免费租借礼服，也是"羊毛出在羊身上"。现在已经有了专门卖婚纱的店铺，售价一般为100～400元，不但干净而且有特殊的保存价值。

②还可以不用影楼提供的后期制作放大照，找专业彩扩店冲洗，一项就能省四五百元。另外，影楼隐藏了很多"二次收费"项目，比如新娘化妆品、租借首饰，还有多拍的相片底片都需要另行付费，加一项就要20～50元，因此拍照前一定要咨询明白。

③建议不妨在外度蜜月时拍摄婚纱照，可省下地区差价。同等质量的一套婚纱，若在东北等地拍摄少说也能省去40%。

4.婚场布置自己办

许多新人的婚场布置、策划都委托婚庆公司操办，这样又添了一笔开销。其实很多事可以自己来办：可以自己去批发鲜花，可以选择在朋友圈子里借车做婚车。

①鲜花的费用最需要斤斤计较，因为一不小心就很容易超标，可以自己根据预算需要去批发鲜花，让酒店的服务人员来整理制作鲜花拱门等道具，这样更便宜。

②婚车可以选择在朋友圈子里借车，这样能省去一大笔租婚车的钱；司仪也可以请熟悉的朋友来担任，这样既可以活跃气氛，又能避免千篇一

律的套话。

（3）价格昂贵的鲜花固然美丽，但用绢花同样可以取得相似的效果。气球布置比绢花更要便宜一点，也可以达到欢快活泼的场地效果，价格大概在300元左右。

5.婚宴细节要注意

面对如今各大酒店"婚宴"的盛况，作为准备结婚的新人，千万不要头脑发昏，急火火地去抢订，其实婚宴里边也有不少细节应注意。

①婚宴可以选择经济式。婚宴的各种形式中，以中式酒席消费最高，其实可以考虑自助餐饮，这样既可让客人感到新鲜又能省钱。

②自备酒水、水果、香烟、糖果，不妨前往批发商处订购。喜糖要注重质量，一般要味道好、外包装漂亮，购买一些小品牌的糖果比较划算。准确地预计客人数目，大部分酒楼虽可缩减桌数，但以一两桌为限度。为避免出席率偏低，在结婚吉日前最好能致电大多数的亲友询问是否会出席，为他们编好座号，这样就容易控制席数。

③订饭店的时候应每事细问，例如临时加席收费、酒水价钱等。在婚宴场地的选择上，不妨考虑将中档宾馆作为婚庆场所的首选。高档宾馆中很大一部分是星级费和服务费，而中档宾馆价廉又物美。

6.蜜月旅行能省就省

其实如果结婚是在旅游旺季，这完全可以省去蜜月旅行。可以跟自己所爱的人一起呆在家，想干什么干什么；或者是到某一个有山有水的地方，去自助野餐，既能感受到自然的魅力，更能省下旺季蜜月旅行的昂贵费用。等待旺季过后，随时想去就可以再去，不局限于时间。

第二节 生儿育女经

新生命的降临，给家庭带来了喜悦，同时也增加了家庭的开支。生儿育女期间如何开源节流？如何能在省钱的前提下生出健康的宝宝？又如何将孩子培育成一个心理身体都健康的孩子呢？这就需要所有即将成为爸爸妈妈的人学学这些生儿育女经。

一、省钱生出健康宝宝

生孩子，有人花十几万享受豪华生产，有人则推崇经济产程。如果你想既安全又省钱地将宝宝带到人间，不妨来看看如何省钱生出健康宝宝，保证你有超值收获！

1.准备周全应对自如

现在生孩子，医院都实行绝对"周到"的服务，大到产妇用的脸盆、尿壶，小到宝宝的衣裤、袜子，事无巨细地准备齐全，当然"周到"的服务要用钱来买，价钱比市场上肯定要贵一些，而且款式、质量还无法选择。

所谓上有政策下有对策，准爸爸妈妈们可以在怀孕7个月时就开始动手准备，自己列出生产住院时必备物品的详细清单——

宝宝：两套宝宝穿的小衣裤，两个厚实的抱被，小枕头、小棉被各一条；纸尿裤、纯棉尿布，多多益善；奶粉、奶瓶；婴儿洗护用品，柔软的纸巾、湿巾。

妈妈：合适的内、外衣；脸盆等洗漱用品；吸水性强的消毒卫生纸（顺产后会大量使用）、成人防尿垫；产时准备的巧克力、饼干；产后用的小米、红糖、鸡蛋、鲫鱼、乌鸡、猪蹄、排骨等等，不过这些都需要新鲜的，先写上再说，到时候再买。

如此这般准备周全了，到了医院后，因为有备而来，就可以应对自如，就不会在买这些物品上多花钱。

2.不凑热闹小医院里生宝宝

不少年轻父母都想在人满为患的大医院生孩子，这样要不就得找熟人，要不就得挤加床，花钱还不少。其实生孩子不一定要在大医院，大医院里因为人多，不但收费贵，还不一定能照顾那么周全，不如不凑这个热闹，找一家专业的小医院，也能生下健康宝宝，更能节省很多费用。

宋小姐生产就选择了一家小医院，那时她和家人经过详细的考察，综合各方面情况，决定到离家不远的普通综合医院生宝宝。这个医院也是二级甲等医院，由于妇产科不是主科，在这生孩子的人相对较少，但医生、护士都很专业。

从宋小姐一住进医院，就有专门的医生和护士专程护理，检查得很细致，还不时地和她聊天，告诉她生产时应该注意什么，让她感觉安稳不少。宋小姐在医生、护士的指导下，顺利生下了小宝宝，小宝宝很健康，宋小姐生产的花费也少了近一半，现在回想起来，宋小姐也觉得自己的选择太明智了。

其实，很多妇产医院产前检查费用要比非专科医院高出10%～30%，而且还有很多不必要的项目，这笔费用累积下来，可以抵得上一个多月的奶粉钱了。所以，如果准妈妈自身生产条件良好，就没必要去挤大医院花费这么多钱，完全可以选择一些也很不错的小医院。

3.住普通病房经济实惠

如今医院的生产病房分专业型和普通型，价钱相差不少。其实，只要我们在生产前，对医院的病房条件进行仔细的"探班"，就会发现普通病房也一样清洁卫生，虽然有些特殊功能比专业病房差一些，但基本设施一应俱全，就连普通四人间的条件也不错，有空调，环境也很好。

在普通病房住着有伴，还能和有经验的妈妈学一些常识，价钱也特别经济。

章小姐生孩子住院时，就选择了普通病房，她发现普通病房除了一些功能差一点之外，环境非常不错，价钱也不贵，比专业病房便宜了近一半。并且她还可以和同病房其他的产妇一起聊聊天，彼此分享分享心得，也觉得放松不少。这样算下来，章小姐和家人真是觉得又经济又实惠。

4.平心静气等待宝宝出世

很多准妈妈快到预产期时，如果肚子里没什么"动静"就开始焦虑，一方面盼着宝宝快点出来，同时又担心肚子里的宝宝会不会出问题。在胡思乱想下，一些准妈妈就会早早地住进了医院。

其实只要咨询一下医生就知道，生孩子是瓜熟蒂落的事，没到时候，着急也没有用。当然，越快到预产期，越要关注肚子里宝宝的状态，按照规定的频率检查，但也不用过于担心，只要一切正常，就可以耐心等待，如果比预产期过了一周还没有临产的迹象，那时就要住进医院了。

所以，一定不要太焦虑，要平心静气，保持平和的心态，静静等待宝宝的出世。如果早早地住进医院，不但环境不如家里，休息得不到保证，而且还要多花不少检查费和床位费，没有必要。对于准妈妈来说，如果自身的生产状况都不错，而且一直在定期检查，不要着急，有了"动静"后再住院也不迟。

5.顺产，既经济又难忘

如今生孩子动不动就是剖腹产，不但花钱多，对孩子、妈妈还都有不好的影响。

陈小姐在怀孕时，医生检查就告诉她孩子个头很大，陈小姐于是很担心，孩子的个头比较大，自己能生出来吗？本来力主顺产的她在怀孕后期打起了"退堂鼓"。"你个子高，胎位又很正，怎么不尝试自己生？顺产对母子都好。"在妈妈和医生的鼓励下，陈小姐还是决定顺产。

下定决心后，陈小姐坚持早晚散步各半小时，为顺产创造良好的身体条件。一晃到了预产期，有了生产征兆后，陈小姐便住进了医院。为了减少产程中的痛苦，她选择了无痛分娩。一切都很顺利，没有经受太多的痛苦。

8斤6两的儿子如期来到世上，除了正常的医疗费，陈小姐在医院没有额外花什么钱，出院一结算，才花了2000元。

顺产真的很不错，恢复得快，还省钱，建议准妈妈们尽量"享受"这

一过程，肯定终生难忘！

二、养育孩子省钱经

养育孩子是一件辛苦又幸福的事情，在养育孩子的过程中，花销也是很大的，但好孩子不是钱堆出来的，省钱也能养育出一个优秀又健康的孩子。

1. 听讲座记得拿赠品

如今很多为妈妈们举办的讲座，都会提供赠品，什么纸尿裤、小药箱、玩具等等，赠品多多，妈妈们在听讲座的时候，可不要忘了为自己的宝宝领这些赠品哦。这些赠品不用花一分钱，还是孩子很好的玩具和用品。

高小姐的女儿已经半岁了，回忆怀孕以来的点点滴滴，她总结出育女的"节流"体会。她说，所有的妈妈有时间都应该参加某些医院的妈咪讲座，"这种讲座一般情况都是一些婴儿产品的厂家和医院合办的，经常会有小礼品赠送，还有很优惠的买赠活动，学习的同时还可以收获赠品。"

说起参加妈咪讲座所收获的赠品，高小姐说，光是纸尿裤就获赠7包左右，还有密封桶2只、奶粉分装盒3个、宝贝小药箱1只、奶瓶1个、益智玩具1个等。高小姐认为，通过参加妈咪讲座拿赠品，可以节省一些宝宝用品的开支。

2. 母乳喂养是最优质的选择

"毒奶粉"事件，让众多妈妈在痛恨的同时，也意识到母乳喂养的众多优点。母乳喂养不仅对孩子的身体是最有帮助、最健康的，还不用花去买奶粉的高昂费用。小优生完宝宝后，就决定母乳喂养，本来买的一些婴儿奶粉也被小优退掉了，为了有更多的乳汁，小优的妈妈就经常给小优做黄豆炖猪蹄、冰糖木瓜、鲫鱼汤……在这些食物的催化下，小优把宝宝养得白白壮壮，宝宝的身体一直很好，连感冒都很少。

想想，一桶普通的奶粉就得几百元，不划算不说，营养成分也不够，母乳又天然又营养还省钱。

另外，哺乳期的妈妈还得注意，一定忍住别吃油炸辛辣食品，为了孩子，多吃些清淡的高营养的汤汤水水，不仅让孩子白白胖胖，还能养出自己的水灵好皮肤。

3.网购团购节省开支

市面上的婴儿用品大都很贵，让普通的工薪阶层无力承受，其实在很多育婴网站都有价格很优惠的婴儿用品，如果参加网络团购，价格更是便宜得超出你的想象。或者可以到一些儿童用品批发市场，自己购买或是找几个妈妈一起团购，开支也能省下很多。

李小姐就经常到同城网站的育儿论坛上闲逛，看看有什么团购活动，在这里能用比市场价优惠很多的价钱买到同样品质的物品。参加网上购物，选信誉较好的卖家购买，价格往往比市场尤其是超市便宜很多。

"上网购买宝宝用品，通常比大商店便宜4成以上。"李小姐说，她还参加过一次淘宝网上的网络团购，十多个人一起购买公仔，李小姐也给自己的孩子买了一个。"网店本身的零售价已经很便宜了，结果团购价格比这家网店的零售价还要便宜30%。"

另外，李小姐还经常到大型的儿童用品批发市场进行淘货，平均每三周去一次。现在，她家里的宝宝衫、婴儿床、玩具车、宝宝浴盆、妈咪袋、凉席等，均是从这里购买的。"基本上都会比大商店便宜4成，比如我买的一张婴儿床，在大商场卖900元，中山八路这里就卖600元。"

当然了，如果约上几个朋友一起到儿童用品批发市场团购，能以更低的价格买到不少宝宝用品。

4.搜集亲友二手用品

节俭的妈妈们，可以从亲戚朋友那里收集一些他们宝宝用过的质量不错的东西。这些东西不仅质量很好，跟新的差不多，还不用自己花那么多钱。

刘小姐家里的童床就是从朋友那儿搜集来的，质量还非常好，但因为朋友的孩子大了就用不了了，刘小姐拿来之后正好可以用，还不用花钱。尝到甜头的刘小姐就在平时注意搜集这些婴儿物品，收获还不小呢。

如今，宝宝所用的童床、两辆童车、一辆学步车，以及睡袋、斗篷什么的，还有宝宝现在穿的一些衣服，都是她这位朋友的宝宝用过然后淘汰下来的。这些用品都保存得很好，质量都不错。

刘小姐很感谢朋友家送给自家宝宝的好东西，用这些东西不仅节省了银子，而且还减少了甲醛对宝宝的危害，真的是一举两得的好事情。

5.一定不要囤积同类用品

宝宝的生长速度很快，如果购买过多的同类物品，特别是婴儿衫，很可能会造成浪费。所以在购买时，一定要注意，不要囤积同类用品。宝宝根本穿不了这么多同款的衣服，而且宝宝长得飞快，现在买那么多，马上就穿不了了。

一些玩具之类的宝宝用品，妈妈们也不要准备太多了。宝宝生长迅速，这些玩具淘汰率太高。

另外，使用过的用品其实可以循环再用。比如，可以把宝宝用过的纸尿裤简单处理之后用作尿兜放尿布，用过的口罩消毒后拆取纱布给宝宝做围嘴，或者将纱布用作洗漱工具，或者用来清洗奶瓶，这些都是不错的选择。

三、培养财商，许孩子一个美好的未来

当孩子慢慢地长大，除了培养孩子的心智健康，使孩子成为一个善良懂得责任的人，也要注意培养孩子的财商，让孩子从小就有理财省钱的意识，教孩子怎样用好金钱，这样孩子在以后才会有一个美好的未来。

1.培养孩子正确的金钱观

孩子慢慢长大需要用钱的时候，就要培养孩子正确的金钱观，让孩子从小就懂得钱财的来之不易，从小就懂得节省。告诉孩子，钱财只是通往自由世界的一种手段而已，喜欢钱未必庸俗，鄙视钱未必高尚，知道如何用好金钱，才是我们的目标。

金钱和物质不是天上掉下来的，是靠辛勤劳动换来的。家长们应该在生活的方方面面，让孩子体会到金钱的来之不易。这样一方面使孩子体会

劳动得来的收入不易，体谅父母平日的辛劳忙碌，另一方面也促使他珍惜自己的劳动成果。

并非在子女身上投入的经济成本越高，对子女的健康成长和全面发展越有利。这提醒我们，指望用金钱堆砌出一个好孩子是不切实际的空想。

古人云：爱子则为之计深远。作为家长，为孩子的健康成长负责，给孩子金钱时，别忘了同时培养孩子正确的金钱价值观。

2.让孩子养成俭朴的生活习惯

"俭朴"是中华民族的优良传统，它的主要功绩在于积有限的社会资财，用于更重要的事业。因此，我国历史上众多有识之士在生活上都十分注意俭朴，也十分重视对后代的"俭朴"教育。

这种言传身教的精神，成为后人正身教子的楷模。父母不讲究吃穿打扮，孩子亲眼目睹，自然也以父母为榜样，在生活上力求俭朴。

家长平常应该多注重培养孩子过艰苦日子的习惯，教育孩子不跟别人比阔，不因穿戴而分散学习的精力，不求物质丰富，但求学习用功。

3.让孩子学会合理支配金钱

家长应该每周给孩子一定数目的零花钱，再帮助他制定一周计划。让他自己考虑日常花费的额度，按从必须到次要的顺序逐个列入计划，在固定的零花钱中开支。

购物消费时，让孩子自己掏钱支付这些费用，让他学着做预算，做到有计划地开支。当孩子请求我们为他支付一些不必要的开支，或者替他弥补乱花钱造成的"财政赤字"时，家长一定要坚决拒绝。如果做不到这一点，就永远无法让孩子学会有计划地开支。

另外，还发给孩子一个小记账本，要求孩子记录零花钱的用途、时间。家长每周审核，以检查孩子的开支是否合理并进行一些必要的消费指导。

第三节 巧妙节省通信费用

日常生活中，基本上人人都有手机电话，这样所产生的通信费用，也是我们生活中的一笔大开支。如何让我们既能"保持通话"，又节省下钱财呢？这就需要我们从购买到使用通信工具，都知道这些巧妙节省的方法。

一、购买手机有窍门

经常逛手机市场的人就会发现，如今的手机市场花样繁多，各种品牌型号的手机应有尽有，让人眼花缭乱，目不暇接。如何在如此繁杂的手机市场中，购买到适合自己的省钱手机呢？这就要懂得这些购买手机的窍门。

1.功能够用就好

功能够用是选择手机时的第一原则。手机发展到现在是日新月异，功能是越来越多，但有些功能也许你并不常用，有些看似不错的功能也许你用几次就厌烦了，这些问题在你买手机前就应考虑好，否则就会浪费不必要的钱财。

大多数人喜欢功能全一些的，但你享受功能的同时你也付出了价格的代价。所以很多厂商乐意把功能做全，那毕竟是利润主要的来源点。

手机最主要的功能还是接打电话和发短信，任何华丽的功能只会缩短它的待机时间。你不希望重要的通话正在进行时手机突然没电，或备用电池成了你的必备之物吧？

所以，在购买手机时一定要本着够用就好的原则，不要为你并不需要的功能买单。

2.深入了解之后再掏钱包

买手机前多留意报纸、网站的介绍和评测，要深入了解，但不能偏听偏信。不同的枪手文章观点肯定不同。也可以通过手机卖场的功能宣传彩页来了解功能、样式。买之前多逛几家门店，多试几款机器，选一个最让你满意的。

当然，如果你很注重样式而不在乎其他的话，凭你的直觉购机就行了。最好找一个对手机比较了解的人来帮忙，多一个懂行的人，营业员也不敢随便信口开河。

摆在醒目位置和降价幅度较大的机型最好不买，往往这是对暴利机型和库存机型的促销手段。产品的价格是综合各种要素得出的：品牌、样式、质量、材料、功能、产量、出厂时间、附件配置，其中某一方面的微小变化就会带来价格的巨大差异。

3. 坚持己见，营业员推荐的东西坚决不买

想不被手机营业员忽悠吗？你进门前想买三星的手机，出门却提着诺基亚的手机。此时你觉得诺基亚的手机也不错。功能又全，价格又便宜，比三星的好多了，完全的忘记了初衷。那么恭喜你，你被忽悠了！这种事情在手机店天天都在发生着。

因为营业员知道，大多数消费者都很犹豫不决，很少有精通各种品牌和型号的手机功能的人。营业员怎么说，全凭他自己的一张嘴。当营业员绘声绘色地给你介绍某款手机，你认为这款手机怎么这么好，大有淘着金子的感觉时，你离上钩已经不远了。

你认为是宝贝的手机很有可能就是积压品，或有促销费的手机。促销费的用途就是用来奖励销售某款手机的营业员，一般50元到200元不等。店家用几十元来奖励销售这款手机的人，可想而知，这些手机不是利润暴高就是紧急处理。

当你庆幸遇到一个好的营业员时，满脸堆笑的他可能也在想：这个人真好忽悠，今天第3个50元到手了，嘿嘿。如果你遇到一个令你头脑发热，有购机冲动的营业员时，呵呵，你遇见老手了。要不你冷静下来，要不你先撤。否则倒霉的肯定会是你，你的钱包就这样被他掏空了。

4. 买配件要货比三家

现在手机的利润越来越低，商家都在配件上动起了脑筋，原装电池、

蓝牙耳机、储存卡……配件蕴藏着巨大的利润。

例如某著名品牌的原装电池进价为70元，售价为300～400元左右，蓝牙耳机的利润会更大。在你买到你心爱的手机时，"热心"的营业员会以手机待机时间过短或支持蓝牙等借口，向你推荐配件，千万不要在这里买，否则你的血汗钱的一部分就白白地变成了营业员的奖金了。

配件要去指定"客服"看好样式和价格，以此作为参照找信得过的朋友买，一定要货比三家。配件很重要，在各个商场或是手机营业点购买配件时，一定要对各种功能、型号、价格进行多方对比，直到找出自己认为功能价钱都最合适的产品，这时再买也不迟，一定会让你用着舒服，更为你省钱。

二、既保持通话又省钱

在使用电话手机时，更是要注意使用的方法策略，让自己用得舒服，又不花费太多钱财，既保持通话又省钱。

1.固定电话如何最大限度省钱

很多人家里的固定电话的花销，也是一笔大开支，那么我们在使用固定电话时，怎样才能最大限度地节省话费呢？

（1）取消不必要的功能

随着通信技术的不断发展，固定电话的功能也是五花八门。比如：来电显示、呼叫转移、三方通话、固网短信、闹钟服务、免打扰服务、气象信息服务、国内呼出加锁、秘书台业务等。这些业务里面，有些是要收费的，有些是免费的。

建议大家取消来电显示，可以省下6元，因为固话接听免费嘛，所以多接个电话也没所谓。还有其他的，如国际长途、国际长途IP功能、声讯台拨打功能，如果不是必须，都可以申请取消，以减少误拨，或被孩子误打带来的巨额话费损失。

（2）选择合适的特惠号码

电信的特惠号码拨打国内、国际长途，可以享受超值优惠，比IP电话还要优惠！而且无需申请，在优惠时段即可使用。可使用闲暇时段为：每天20：00至次日08：00以及周六、周日、法定节假日的全天。

此外，电信还有200卡，201卡，这些肯定不如以上特惠号优惠。综上所述，大家应该能比较出来了哪种划算。其实应该按每个人的不同需求，开通不同的服务，都可以将话费省到最低了。

（3）选择合适的套餐

电信的套餐很多，大家可以打客服电话或去营业厅咨询一下。看哪个套餐适合自己。有的套餐很优惠，将家里的固定电话和市话通绑定后，可以获赠本地话费，免来电显示，免铃音，同时购买其他增值业务也享受特惠。

（4）长途电话省钱策略

如果你每月长途电话比较多，对方长途号码不固定，可以使用包月，在优惠时段拨打比较划算。

如果你只是经常地固定往家里或几个亲戚家打电话，可以使用长话亲友团服务，可以设置最多5个国内长途电话，全天都可以拨打，费用也比较低。

如果你只是每月不定时往家里或朋友同学亲戚家打电话，号码不固定，长途电话不多，基本上都在周末或节假日，可以不用申请，这是拨打长途电话省钱的首选，当然是使用电信的特惠号码了。

（5）利用电话或网络咨询办理业务

随着技术的发展，现在很多业务都可以通过客服电话和网络进行办理，给我们的生活增加了很多便利。在我们决定使用一些新业务时，可以先通过客服电话或网络进行了解，这样就不会产生不必要的费用，造成损失。

比如，拨打电信免费客服电话，就可以办理更改服务密码、申请移机、停机、开机、报障、投诉、查询话费、更改账单地址、申请套餐，其实通过人工服务，能办理大部分业务。

（6）关注优惠活动

固话运营商经常不定时地举办预存话费送话费、开通业务有奖、新业务免费使用等等活动，平时留意关注，就可以为自己省钱。

（7）在家使用网络

假如在家的情况下，建议多使用网络即时聊天工具QQ之类，和远方的朋友视频、语聊都可以，比打电话有趣多了，又节省大量的长途电话费用。

2. 手机省钱宝典

手机用户如果了解了各项通信资费政策，善于使用各种新业务，你就会发现很多节省手机话费的办法宝典。

（1）充分利用短消息

按现行收费标准，一条信息无论发往本地或是外地甚至国外，均只需发送方支付0.1元，而接收方不需付费。该业务无月租费，无需申请便自动开通。

（2）用手机拨打IP电话

只要你在拨打长途电话号码前加拨一个5位数的IP电话接入号，最高能省下2/3的话费。IP电话已免费向所有GMS手机用户开通，无需办理开通手续，无需开设账户和设置密码，让用户在省钱的同时也感到了方便。

而如果您出差在外，用手机拨打非漫游地的固定电话，加拨IP号码要省一半的话费。

（3）使用呼叫转移

中国移动开设的呼叫转移业务资费已相当优惠，且无需任何服务费。

当你长时间停留在有固定电话的地方时，你就可以设定将手机来电转移到固定电话上。此时如果有人拨打你的手机，来电将自动转移到固定电话上，只需每分钟付小额的转接费，所转移到的固定电话也不产生费用。比起直接用手机接听，可以省下大半费用。

（4）使用手机储值卡业务

中国移动推出的"神州行"，虽然资费标准较GMS手机要高一些，如"神州行"手机本地通话费0.6元／分钟，漫游0.8元／分钟，比"全球通"贵0.2元／每分钟，长途费率和"全球通"一样。但由于"神州行"更多的优惠业务，让它的竞争力得到加强。

所以，对于用户来说，要根据各储值卡的优惠功能进行合理选择。

（5）利用来电显示功能

GMS手机均免费开通了来电显示功能，为此很多时候手机可以起到"传呼机"的作用。如对方拨打你的手机，你可以根据轻重缓急的具体情况来决定，如果不急你可以不直接接听，从手机屏幕上获知对方的电话号码，然后用固定电话回过去。这样，既省了手机费，同时也让对方省了打电话的费用。

第四节 减肥健身不用花大价钱

随着生活水平的日益提高，减肥、健身，成为了人们日益关注的问题。几乎所有的女性都在讨论着减肥，几乎所有的人们都想要强健自己的体魄，随之而来的是市面上各种减肥健身产品的出现，这些产品的价格也大都让人咋舌。

其实，减肥健身是不用花费那么多的钱的，那么，怎样在省钱的前提下，安全地减肥健身，并达到好的效果呢？

一、减肥不用花大价钱

所有的女人，不管是胖还是瘦，都在热衷于减肥。各种减肥药物纷纷问世，减肥俱乐部应运而生，瘦身衣、瘦身膏，让人目不暇接。还有各种吸脂的机器也不断推出，各种广告铺天盖地，让女人们的心里蠢蠢欲动。

大家花费在减肥上的钱财也可想而知了，如何在花钱不多的情况下，也能拥有傲人身材呢？

1.好的生活习惯可以减肥

有时候我们发现自己长胖了，都是因为自己各种不好的生活习惯导致

的，要想减肥成功，拥有美丽的身材，就得养成好的生活习惯。

（1）多骑自行车

以前很多人骑自行车，所以很少会看到肥胖的人。现在找时间也应该设定路线在规定时间内蹬蹬自行车，如果想挑战一下体力，慢跑和轮滑也是不错的进阶选择。

（2）购物选择步行

如果自己家离超市比较近，买东西时就尽量选择步行，这样可以大量消耗你的卡路里。如果你发现忘记要买的东西啦！别担心，这正是减肥最好的机会，多一次往返就多一倍卡路里的消耗。把购物清单上的东西分两次采购，既新鲜又健身，何乐而不为？

（3）多看推理小说吧

喜欢趴在床上看漫画吗？怪不得容易胖。改看推理小说吧，同样是看书，比起用不着动脑子的漫画来，推理小说、侦探小说可以在不知不觉间消耗更多的卡路里，真是书中自有好身材。

（4）把体重计放在客厅里

把体重计放在哪里可是个讲究。试试把它挪到客厅里怎么样？因为客厅使用率最高，会让人时不时就有站上去看看最新的数字的欲望。一旦数字变小，减肥的意志就更会强烈。吃饭前称一称也有助于抑制旺盛的食欲。生活中还有很多这样的瘦身小常识，快来一起挖掘吧！

2.运动瘦身绝招

一想到减肥，大家首先想到的是吃减肥药吧。可是要知道有的减肥药有很多副作用，你还敢吃吗？今天给大家介绍几种运动，可以让你不花钱就能快速塑身。还等什么呢，快来试试吧！

（1）靠墙站立3分钟收小腹

把头部、肩胛骨、臀部、脚后跟这4部分紧贴墙壁笔直站好。注意收紧自己的腹部和臀部，保持3分钟。习惯了这个姿势后即使闭着眼睛也能保持全身平衡。

如果对这个姿势感到不习惯或是难受的话，表明你的骨骼已经有了倾斜或者歪曲，只要自己有意识地及时调整，就可以缓解肩膀和腰部的不适，还能提高新陈代谢。这个不用花钱的小动作对于产后收小腹也有奇效。

（2）提臀瘦臀体操

在日本，提臀瘦臀体操是近年来瘦身的一大话题。有资料说因为支撑腰腹部的骨盆有所松懈和扩张，所以容易堆积脂肪，不易减肥。所以通过一些有效的小运动收紧骨盆可以起到一举多得的作用。

这个动作在瑜伽或其他体操中很普遍，就是呈仰卧状，双腿曲起，小腿垂直于地，双脚掌贴地支撑，两肩紧贴地面，双手放在两侧，将背部缓缓抬高，就好像托起臀部一样。它对于下半身能起到收紧作用，对腰形、臀形和腿形的塑造都有很好的效果。

（3）动动手脚瘦脸蛋

一边用鼻子吸气，一边将手腕和脚腕弯曲到90度，用嘴吐气，同时将手腕脚腕绷直到水平。早上睡醒后直接在床上做5～6次，晚上睡觉前做10～15次。身体可以马上变暖，对抗女性冷症或是空调病很有好处。最有意思的是在全身血液循环改善后，还能起到消除浮肿和瘦脸的效果，很厉害吧。

3. 在品茗中减肥

饮茶不只是一件纯粹休闲的事情，更重要的是，茶中的维生素B_1还能燃烧脂肪！饮茶瘦身的效果如何，关键要看你选择什么样的茶。

（1）荷叶茶——爱吃油炸食品的MM们有福啦

原理：荷花的花、叶、果实在中药经典的记载中都有"轻身、化油"的作用，不但能去除体内油脂，还能改善面色。饮用一段时间后，会自然变得不爱吃油腻的食物，对摄取油脂成分过多的人群最为适合。

饮用方式：首先必须是浓茶；其次是一天多次，4～6次最合适；第三最好是在空腹时饮用。

（2）普洱茶——针对小腹赘肉较多的MM

原理：普洱茶是采用云南大叶种茶制作而成的，能有效地刺激人体的新陈代谢，加速脂肪分解。

饮用方式：保持一天喝1.5升，饭前一杯效果最佳。

（3）吉姆奈玛茶——针对爱吃甜食的MM

原理：吉姆奈玛茶是一种印度茶叶，能非常有效地抑制糖分吸收，所以绰号又叫"糖杀死"。它能使饮用者口中感觉不到甜味，摄糖量自然大减，因而转化成脂肪量也就相对减少。

饮用方式：在摄取糖分前饮用，或者直接咀嚼茶叶，效果更好。

（4）杜仲茶——针对虚肉过多的MM

原理：可降低中性脂肪，因为杜仲所含成分可加速新陈代谢，促进热量消耗，而使体重下降。除此之外还有预防衰老的作用。

饮用方式：每餐半小时后饮用，每天坚持喝1.5升左右，要长期坚持才有效果。

（5）乌龙茶——受不了无脂食品的胖胖

原理：可燃烧体内脂肪，是半发酵茶，富含铁、钙等矿物质，含有促进消化酶和分解脂肪的成分，可促进脂肪的分解，使其不被身体吸收就直接排出体外。

饮用方式：饭前、饭后各喝一杯，分解和排出脂肪的效果更佳。

4.好吃的水果也可以减肥

水果不仅好吃，可以补充维生素，更重要的，可以减肥，对于嘴馋的MM们，可有福了！

（1）三日苹果减肥法

方法：连续三天只吃苹果，不吃其他水果和食物。

效果：减3～5公斤

注意：如果你真的很胖，想要做一次苹果减肥就恢复身材是不可能的。最好每一两个月就进行一次，直到减至理想体重为止。

（2）番茄一周瘦身餐

方法：午餐及晚餐只吃番茄，其余正餐可照常进食。

效果：减2～5公斤。

注意：以番茄代替晚餐，便可至少减少吸收数百卡路里，这样不会有太大压力，又不致令身体缺乏营养。

（3）一周柠檬排毒瘦身食谱

方法：每日至少喝下3升柠檬水，不需节食。

效果：减3～5公斤。

注意：柠檬食谱在给身体自我净化的同时，增强了身体的抵抗能力。

二、健身也能随时随地

健身并不一定要买昂贵的健身器材，在任何时刻、任何地点，都可以抓住机会健身，不仅会产生很好的效果，还不用你花一分钱哦。

1.双脚勤走路

上班族大部分都骑自行车或者乘公交车上班，统计数字表明，城市中每人每天用于上下班路途的时间大约是1～2小时，因此，可以说，一天工作后，散步的时间几乎没有。那么怎么在一天工作时间中挤出"散步健身"的时间呢？一种全新的健康口号的提出，解答了这个问题——双脚勤走路。

双脚勤走路这个方法既简单又方便，还不花钱。通过双脚走路，不仅可以减肥，而且可以起到特别好的健身作用。

双脚勤走路的锻炼诀窍在于一个"勤"字。"勤"字要求在每一天中，我们都要有意识地去创造走路的机会，以收到运动的效果。

如每天可以有意识地推着自行车走一定距离的路程；可以不乘电梯，而人为地多上下几次楼梯，这一方法特别对一些一向不大喜欢体育运动的人或肥胖者效果比较好。据医学家提供的数据表明：每天上班时间走2～3公里，下班后步行1公里，这种运动量对身体恰到好处。

2.善用你的办公椅

每天与你屁股接触最为密切的办公椅，除了能让你的双臀变大松垮之外，从正面看来它可也是省钱而且立即可执行运动健身的方便工具喔！

①坐在椅子上，手掌指头在背后完全交叉，接着掌心向外翻转，就在同时把双手打直，尽量向后、向下伸展，这时你的双肩应该也是自然向后伸展的。这个伸展运动可以解除你双肩的疲劳。

②坐在椅子上，双手抱头，双肘向脸部夹紧，这时随着用力自然将脸部向下身体微向前倾。这个伸展运动可以解除你颈部的疲劳。

③坐在椅子上，双手向右后握住椅背，保持双脚掌贴地，这时腰部会自然向右伸展，同样的向左后握住椅背时，你腰部会自然向左伸展。这个伸展运动可以解除你腰部的疲劳。

④坐在办公椅上腻了吗？那就站起来吧！将右手伸到背后，然后用左手去抓住右手手腕并向左侧拉，反过来试试看！这个伸展运动也是在舒解双肩的疲劳。

3.随着音乐翩翩起舞

许多人在自己家里欣赏音乐时，都喜欢静静地坐在沙发上或躺在床上，这使人感到轻松、舒适。但是，如果换一种方式尝试一下，试着跟随着音乐翩翩起舞，则会有一种新的感觉。

这种跳舞可以根据自己身体条件、状况自行创造。如果你喜欢轻柔飘逸的轻音乐，慢三、慢四步舞是较适宜的，如果你钟情于节奏欢快的舞曲，跳迪斯科将焕发你的青春活力。

如果每天放着音乐，舞动30分钟，相信，这种随着音乐节奏的运动不仅会给你带来好心情，而且，坚持下来一定会对身体有好处。

4.快乐地做家务

许多每天忙于工作和家务，几乎很少抽出时间进行自我运动锻炼的都市人都在抱怨："给我们一些闲暇的时间吧！"其实如果调整一下思维模式，把"干家务"这个主题不单单理解为"干"字，而引申为"炼"字，那么，家务活动会给身体一个锻炼的机会。

"家务欢娱干"，就是在一种愉快的心情下，有条不紊地进行家务劳动。家务劳动包括的范围很广：不单是厨房工作，还有居室扫除、侍弄花草、收拾藏书等项目。因此，如果每天用1小时进行家务劳动，可以起到健身作用。

5. 全家一起出游

双休日给每个人或每个家庭提供了休闲娱乐的时间，但是怎样科学利用这段时间，许多人有不同方案，这里给家庭提供一个"休息日全家出游"的计划。假日出游是人们生活中一种既欢娱又健身的好项目。

假日出游可以使家庭中每个成员得到好处，是一种省钱省时的健身运动。全家人可以去公园游园或划船；也可以骑自行车去郊区游玩；也可以去爬山。

6.健身经验多交流

在生活中，人们谈论的话题很多，政治、时事、婚姻、家庭、教育、子女等问题都有，而"自我健身之法"却谈论得很少。许多人认为"谈论对锻炼效果没有多大的作用"，其实交流"健身之术"是一种相互鼓励健身的好方法。

如果我们每个人将每周锻炼（骑车、游泳、健身操等）的时间长短以及摄取的热量告诉我们的朋友，我们的朋友再告诉其他朋友，那样的话，一个健身主题就会得以传播了。一种新的健身气氛就会充满了我们的生活空间。

第五节 看病吃药巧用招

人人都说"看病贵"，这当中除了有医生、医院和药厂方面的原因，其实作为患者，往往也会因为一些误区和不恰当的观念导致医疗费用增加。那么，有什么招数能既省钱，又把病看好呢？

一、医院：只选对的，不选贵的

许多人得了病第一个想到的总是大医院的专家门诊。的确，大医院做事让人更放心些，可是，去大医院的人实在太多了，有的时候排个专家号

甚至要等几天，并且费用是绝对不菲的。

一般来说，三级以上医院因运行成本之类的原因，其门诊、手术和住院收费标准都远高于一、二级医院，性价比极低。

倘若只是患了感冒之类的小毛病，哪怕一般的社区诊所都是可以解决问题的，完全没有必要跑到大医院"高消费"。

另外，诸如妇科之类的疾病，去生殖健康医院之类的专业医院比去综合性大医院更有用。

二、大医院诊断小医院治疗

在医院的选择上，还可以利用这样一种方法——在大医院诊断，小医院治疗。

一种疾病最首要的问题是明确诊断，只要诊断清楚了，治疗起来就简单多了。中小医院因为设备和技术的限制，很多疾病难以马上确诊，有的可能治疗一段时间后仍需转诊。

如果在中小医院诊断，不仅耽误疾病的治疗，还会浪费一笔住院费、检查费等。相反，中小医院的收费标准和运行成本普遍低于大医院，在大医院确诊之后，在中小医院治疗对患者来说会比较划算。

三、就诊带上老病历

很多人看病不喜欢带以前的病历，每次都图省事花几毛钱再买一本病历，这是一种不好的习惯。老病历上往往记载着患者以前的病史和一些重要的检查结果，这些资料是医生诊治的重要参考。如果没有这些资料，患者又说不出个所以然，许多本可以免去的检查就要从头开始，这样同样会增加看病的开支。

四、初诊最好挂普通号

时下，来医院看病的患者，几乎都想找专家看病，似乎只有这样心里才踏实。但是专家门诊光挂号费就远远超出普通门诊，无疑会加大患者的看病开支。而一般医生都能诊治的常见病，如果也挂专家号，就是

一种浪费。

初诊时，无论是专家还是一般医生，都要根据病情先让病人做相应的血液、尿液等物理、生化检查，然后才能确诊。因此，初诊挂普通号即可，专家号等到复诊时可以挂，或者有疑难杂症时也可以挂。

五、正确、必要的检查不可省

一般治病的正常程序是检查放在前，治疗放在后。如果省去检查盲目吃药，有时不但不能省钱，反而会延误病情，造成严重的后果。明确诊断也是少花钱看好病的前提，因此正确、必要的检查是必不可少的。

六、高档检查：不需要的时候别做

现在医疗水平提高了，许多新的医疗手段层出不穷，什么CT，什么核磁共振，把许多人忽悠得晕头转向。偏偏有些无良的医生喜欢抓住患者想尽快治好病的心理，向这些本来不必要用高档医疗设备的患者收黑心钱。

所以，大家在看病的时候一定要留心，许多高档的医疗设备都是不能乱用的，除非是必须，高档的医疗设备尽量不用。事实上，有的时候，几十块钱的超声检查可能比上千块的CT更有意义，千万别在这上面把钱打了水漂。

七、买药：别轻信"好药"

看了病自然要买药，买药的人又肯定都希望买到好药。但不得不说的是，其实，只要能治好病并且毒副作用小的药都是好药，大家在选择药物时，千万别把新药、价高错当成"好药"的衡量标准。一些新研制出的药物可能对某些疾病有良好的疗效，但价格往往十分昂贵，有时还会有不可预知的副作用。

八、医疗优惠，不可不知的省钱绝招

大多数有工作单位的人，也就通常会有一定的医疗保障，尤其是许多

大城市已经开始向全民医保迈进了，大家在看病的时候就尽量选择那些能够参加医保的医院，这样可以省去一大笔开销。

另外，随着医院服务意识的提高，许多医院也开始推出了各种医疗服务优惠的活动，诸如这样的活动，对于想省钱的人们来说，是一定要把握好的。

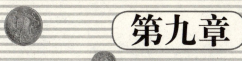

第九章

各族省钱战略大集合

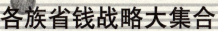

当今社会上，各种不同职业的人被称作各个"族群"，工薪一族、大学生族群、IT一族、SOHO一族……甚至出现了每月工资都用光的"月光族"，这样的特别一族。因为各自的性质不同，各个族群的省钱方法也各不相同。

这些不同的族群，要想在日常生活中省得钱财，就应该根据自己的特点，运用自己独特的方法，让自己省钱的愿望成真。本章将为您揭开各族省钱战略方法的真面目，让身为其中一族的您，能够省钱自如，省钱多多。

第一节 工薪阶层省钱理财秘籍

潇潇和老公都是普通的工薪阶层，每月的工资虽然稳定，但也着实不多，除去日常的花销也所剩无几，让想要省钱的夫妻俩觉得非常沮丧。的确，与精英阶层和中产阶层相比，工薪阶层现金收入相对较低，来源相对比较稳定，增长幅度较为平缓，容易预测未来收入。

这些特点决定工薪阶层个人、家庭省钱理财的期望较多：一是想通过精打细算来减少不必要开支；二是想增加工资和工资外可支配收入；三是想让自己有限的金融资产得以升值。那么，像潇潇这样的工薪阶层怎样才能达到上述目的、拥有财富呢？

1.盘点自己的资产状况

包括存量资产和未来收入的预期，知道有多少财可以理，有多少钱可以省，这是最基本的前提。

2.控制网购

网购是把双刃剑，一方面它带给我们实惠又优质的好东西，或是身边买不到的物品，或是小的代价换来对奢侈品的满足，或是免除逛街的疲惫，带来购物逛街的乐趣，一定程度上提高了我们的生活质量。

另一方面，网购也并非十全十美，也会上当受骗，也会一时头脑发热跟风，把钱浪费在一些可有可无的东西上。

所以控制网购，不是从此戒掉"淘宝"，而是尽可能地减少浏览淘宝网的次数，生活需要什么再去找什么。一句话：我的淘宝我做主，没事别来诱惑我。

3.学会联合购买

对企业而言，不论是制造业还是服务业都有一个规模效益问题，购买产品或服务的人越多，其单位成本就越低。所以，你如果需要购买某种产品或服务，完全可以多联合几个人共同购买，与商家砍价，从而达到省钱的目的。

某单位一位工会干部报名参加一家旅行社的庐山二日游，习惯式地和对方砍起价来，旅游公司说："你能给我拉来一个团给你免费。"这句话提醒了她，她果真说服单位领导组织了一个旅游团。后来每到旅游"黄金周"来临前，她都充分利用自己的关系网给旅游团拉客，不仅能为自己省钱，还能从中获得提成。

4.减少外出就餐

要想省钱，一定要改变喜欢外出就餐的习惯。多上超市买菜回家自己烧，既健康又锻炼了居家过日子的能力，更能省下钱来，一举多得。

5.学会利用公用设施省钱

现代城市的公用设施如公交、通信及救助设施都很完善，不论是在本地，还是出差到外地，若善于利用、巧于利用城市的公用设施，的确能省下一笔不小的开支。

下面是武汉某工薪家庭的一个月的开销账：生活费700元，交通费290元，托儿费300元，通信费400元，香烟320元，其他510元，合计2520元。

分析一下可知，如果该家庭将经常打的改成搭公交，交通费支出可减少到50元内；若到了外地就用电话卡，在本地时善于利用单位和家庭固定电话，移动电话选择合适的电话卡，通信费支出可压缩到70元以内。

6.学会适度"小气"省钱

虽说如今人人都爱讲面子，但如果能做到"拔毛"程度和自己的收入、身份相适应，适度的"小气"，则既可减少支出又能顾全面子。

一是控制好孩子的消费，教育孩子从小养成节俭的好习惯。

二是朋友聚会不要每次都争着付钱，单位及亲朋家的婚丧嫁娶，不要每个人每次你都争着去出"份子"。

三是学些维修技术，勤于动手维修和保养家庭用品，不要动不动就请人修理或更新。

四是无事不要去逛超市，真正需要购物时列个清单做到有的放矢。

五是巧打时间差避开旺季（如冬装夏买）、旺时（如不在下班时买菜）购物，阶段性用品能租到的就不买。

7.利用自己的特点、特长增加工资外收入

市场经济下的赚钱之道是发现和创新，最忌盲目跟风和模仿。工薪阶层要想增加工资外收入，必须充分发挥自己的聪明才智利用自身特点或特长，做一些别人没条件做或想做成本太高的事情。

李先生是位文学爱好者，每天熬到半夜一年也发表不了两篇文学稿件。单位规定每发表一篇新闻稿按媒介级别奖励，他转而写本单位的新闻，一年下来有了几千元的额外收入。

陈先生家在农村，每次回家一趟光路费就得几十元。自从到对门新开业的一家饭店吃了顿"特色饭"后，忽然来了灵感。每次回家都给饭店带些芝麻叶、红薯叶、榆钱之类的在农村属于"白扔"的东西，赚回路费还有余。后来，他又联系几家饭店，一旦需要干脆打电话让农村老家来人送，自己做起了"捐客"。

这样下来，陈先生赚的钱甚至能和自己的工资比肩了。

8.学会"无本"收藏待机赚钱

专门搞一些邮票、古董之类的收藏，既需要有专门的知识，又要花费较多的钱财和精力，工薪阶层人士一般都很难做好。但如果能做到处处留心，无本收藏，等待机会出手，有时也能让你赚钱。

一是根据自己的生活环境、职业特点、业余爱好等条件，做个有心人，选择某个品种，如，工号牌、打火机、卡片、报纸、烟盒等等，采取无本（或低价）收集方式积攒，待机出手，也许能赚取一笔不小的收入。

二是没事随便翻翻家里的"老底"，理理那些不起眼的旧物，或多留心农村亲友家的旧物，说不定也会给你一个惊喜。

9.抓住机会让自己的资产升值

对工薪阶层而言，最值钱的家产恐怕就是房屋了。如果能抓住机会，打好房屋的主意，一步就能跨入中产阶层的行列。

张女士原来帮别人站柜台，认识几个供货商后，一狠心卖掉了刚刚装修好的房子，在一家科技市场租了个柜台，自己干起了软件批发生意，几年下来有了一套面积更大的房子。

胡先生曾因单位分给他一套又小又旧的房子而不满，想不到旧城改造他的房子被拆除，政府又补偿给了他一套新房子。尝到了甜头的他，研究起了政府工作报告和市政改造方案，干脆卖掉自己的新房后，搬到岳父家去住，又分别在即将改造的旧城区买了两套旧房。

天随人意，两套旧房都果真被拆迁掉了——几年下来他净赚了30万。

10.利用外脑让自己的资产升值

我国的金融市场发育已初具规模，可供选择的投资产品除储蓄外，还有国债、保险、基金、股票、外汇及黄金买卖等多种。若仅凭你个人的能力很难把握好自己的投资选项，如果单纯选择储蓄或保险，年收益率将不会超过3%；盲目跟风炒股将冒很大风险。

如果到银行或保险公司找个专业人士，让他根据你的现有资产、预期收支、家庭状况及个人投资偏好等设计一套投资组合方案，既能规避风险，又能提高收益率。

11.为自己和家庭设计一个长远的规划

国家有五年计划，单位有年度工作计划，个人和家庭也该有短期规划和远景规划。利用合适的理财方式，合理支配管理自己的收入，一步步实现短期规划，为远景规划的成功打下基础。

比如说，今年我打算运用什么方式省钱，打算省下多少钱，省下钱之后用于什么，这样一步一步为更远的将来作打算。

以上几点权当引玉之砖，读者可结合自己的实际情况，合理安排生活，做好家庭的省钱和理财方案，从而使自己的财富越积越多。

第二节 月光族的省钱妙招

随意性开支是"月光族"产生的根源。月光族省钱是一个漫漫长路，但是一旦养成了习惯，钱自然而然就不会随便流走。如果你是一个月光族，在面对诱惑时，很难控制住你的花钱欲望，那不如试试下面的省钱妙招，对你的花钱欲望做个彻底了断，让你的省钱愿望成真。

1.从记账开始

记账是最基本的省钱方式，如果离开了记账，省钱就变成了空中楼阁。通过记账，可以清楚地知道自己把钱花在了什么地方：哪里多用了，哪里最不该用，都可以一目了然。了解到这些后，才能有的放矢地设定省钱目标，拟定省钱策略。

目前，一般人常用的记账方式是流水账，按照时间、花费、项目逐一登记。不过，若要心中有一本"明白账"，除了需忠实记录每一笔消费，还需要记录这笔消费用何种付款方式，是刷卡、付现还是借贷。

就一般月光族而言，收入应该比较明确，所以支出是记账的重点。支出大体分为两部分：一是经常性支出，包含日常生活的花费，称为费用项目，如超市购买的日用品，服装店购买的服装等。

另外是资本性支出、称为资产性项目，资产性项目提供未来长期性的服务。例如买一台冰箱，如果寿命为6年，它将提供6年的长期服务；购买住房和股票等投资行为也是资产性支出项目。刚开始记账会有一点难度，最需要的是坚持。只要做好记账的第一步，以后省钱乃至理财也不会是难事了。

2.把那些不必要的商品列一张表

在手机或者随身携带的笔记本上，记下你不需要的物品清单，购物的时候坚决不予购买。随着你的清单越来越长，你会发现，即便离开了这些东西，你的生活依旧可以照常继续，你的钱越来越多了。

3.购买前要上网

当你不知道自己需要购买的东西是否正在打折促销的时候，可以上购物网站，说不定还能淘到比实体店更便宜的货品，偶尔还能获得现金券，留待下次购物使用。这样不仅能让你对自己将要购买的商品有一个很详细的了解，更能为你省下钱。

4.衣着要根据自己的风格购买

时尚不一定是用钱打造出来的，切忌被缺少消费理念、泛滥成灾的广告所引导。真正的时尚不是用钱堆出来的，随意或过度消费不仅容易出现撞衫的尴尬事，更会成为潮流的奴隶。穿衣有自己的风格，不但能让你穿出自己的独特魅力，更能避免你在时装上的浪费。

5.一日三餐自己做

其实早起床20分钟这个问题就解决了，况且，睡懒觉对身体不好。自己做早餐，干净卫生，更有营养，花销也比在外要少得多。下班后的晚餐也尽量自己做，这时时间充裕，为了省钱，做饭当然是没问题的。至于中餐，可以在晚餐时，多做点，用保鲜盒带到公司，吃时放到微波炉里热一热，就没问题了。

如此这般，一日三餐都自己做，保证让你既吃得舒心健康，又让你每个月花在吃饭上的费用大大减少，可能会摆脱月光的困境哦。

6.能走就走

平时出行，尽量能走就走，远一点就骑单车，再远了坐公交，除非有急事，否则不打的。这样既锻炼身体，又能控制无计划的花费。

7.建立一个自动储蓄计划

在银行建立一个只存不取的账号，每月定期从你的工资卡上划去一小笔不会影响你日常开销的钱，可能仅仅是一顿饭的钱，或者一次泡吧的费用，但是当你开始这么做的时候，你已经不再是月光一族。

8.选择一个高利率的网上银行来激励储蓄

钱存到一定量的时候，你已经坚持省钱一段时间，这时候你需要选择

一个高利率的银行帮你存钱，无论你是在工作还是在睡觉，你的钱都在银行里为你生出更多的利息，鼓励你继续省钱计划。

9.购物省了多少钱，就存多少钱

购物省下来的钱不是用来购更多的物，也不是给你机会胡吃海喝。没有预期的打折或者降价给了你一笔小横财，既然它不在你的消费计划里，请把它存进银行。一定要记住，每次购物省下的钱，不管有多少，都存下来，不要动用。这样，有一天，你会发现一笔惊人的数目，那时，你就不是月光族了。

10.冻结信用卡

对于已经成为消费狂人的月光族，如果你无法压抑自己刷信用卡的欲望，请把信用卡手动销毁，如放进冰箱或者微波炉，让银行从你的工资卡自动转账还款，否则，你永远无法逃离这个大黑洞。

11.不要小看零钱

把零钱也存起来，放进储蓄罐里，积少成多，看起来有点老土，但是，这可以帮助你养成不浪费的习惯。况且，积少成多，100个硬币加在一起就是1张百元大钞，恭喜你，又可以存进银行了。

12.为奢侈品建立一个"等待"时间表

当你非常希望拥有某件奢侈品的时候，请不要立即掏出信用卡，而是等待，一个月或者更长的时间过后，把它从你的等待列表中翻出，看看你是否依旧希望拥有它。

也可以建立一个"日薪原则"，例如，你每日的薪水为80元，而你希望买一个1600元的游戏机，那你需要等待20天，等自己努力工作20天后，再回头看看是否真的想买它。

等待可以让你分辨出哪些是你真的希望拥有的物品，而哪些仅仅是一时冲动希望抱回家的，想好了再买总比买完后悔去退货来得容易。

13.存小钱买大件

当你需要换电脑或者其他大件物品的时候，请立即建立一个相关账户，例如"电脑"账户，把平时省下来的所有小钱都存进里面，直到你可以买到为止，在此期间，你依旧在往之前开的储蓄账户里存钱，而这个账户只是帮助你，使你在不影响正常理财计划的情况下能够购买真正需要的大件。

当你这样做并且买到了电脑的时候，你会发现自己开始爱惜买回来的电脑，就像参加一个马拉松比赛，你坚持跑完了全程，电脑是奖品，无论它价值多少，你都将异常爱惜它。

14.严格执行

对于以上所述策略，一定要严格执行，这样才能达到省钱的目的。千万不要对自己说，今天放纵自己一次吧！买了它吧！别带饭了！如果这样不严格要求自己，你永远都不会摆脱月光的困境，永远都不能省得钱财。

第三节 大学生节俭成功法

大学生手中的银子是很有限的，相信大部分同学花的都是父母的钞票吧！父母挣钱不容易，大学生还不能为家庭作多少经济贡献，就应该多想办法节约省钱，为父母减轻负担，为自己省得钱财。那么，作为象牙塔中的大学生，如何在日常生活、学习、求职中，节俭成功、省得钱财呢？

1.买衣服

在大学里，很多同学喜欢赶时髦，买衣服非要买新款，其实完全不必，衣服只要合身、适合自己，就能既穿出自己的风格又省钱。并且在换季时衣服便宜，打折的多，而且可以还价，那时的衣服也不一定就不好看，大学生们要懂得自己淘，就能省下很多买衣服的钱。

筱雨是个大二的女生，由于自己每月的零花钱不多，所以筱雨花在买衣服上的钱也没有多少，但是聪明的筱雨还是每天把自己打扮得漂亮可人。同学们问起筱雨买衣省钱经，才知道，筱雨从不追赶时尚潮流，只要

是自己喜欢的、穿着舒适就好。

并且筱雨非常懂得淘衣服，常常能在一些不起眼的小店里淘到打折的便宜衣服，质量还非常不错。如此下来，筱雨每年花在衣服上的钱就比其他同学少了近2/3，并且一样让自己美丽动人，穿着还舒服。

2.吃饭

大学最大的开销可能就是吃饭了，食堂肯定是最省钱的地方，或许食堂的饭菜不合你的口味，但是怎么也可以吃得饱吃得省。无论你怎么比较，都会觉得还是学校食堂的性价比更高，有卫生保证，而且学校还给食堂补贴，如果不吃，就太不划算了。

所以，每个月一拿到生活费就应该马上去充饭卡，把钱充到饭卡里就断绝了自己把它花在其他地方的想法。

3.交通

女孩喜欢逛街是天经地义的，逛街必不可少就要花交通费了，一般大超市都有免费班车，所以，同学们在要去逛街之前，先要把离自己学校比较近的每个免费班车的时刻表都记下来，

每次出门前都研究好路线，基本可以搭免费班车，这样就不用花费自己一分钱了，如此这样节省下来，每月的交通费一定能省下不少。

4.手机费

手机是大学生必不可少的，联络亲友感情和求职等都要用到。通常，手机运营商在高校里开展的活动特多，同学们一定要多多关注，不要错过充值优惠的任何活动。

另外，同学们在充话费时，也尽量自己在网上充，因为有时候在网上充话费会有优惠，在网上营业厅充话费可以享受折扣，而且还有充话费送话费活动。

5.网购

现在网购这么发达，几个人一起买有时直接可以让老板包邮了，要是包不了邮也可以省邮费了。比如几个女生一起网购护肤品，买了100多元的东西，邮费就可以直接省了。

网上购物确实可以省不少钱，只要你识货，一般都能买到比商店里便宜的好东西。而且由于可以足不出户，路费也一并省啦！

6.超市

同学们在逛超市前要有一个清单，把要买的东西都写好，不需要的坚决不买，坚决按照清单上写的来买。超市经常有满额多少送什么东西或抵价券，所以一般需要的东西凑到一起买，一个月逛一次超市就够了。

如果同学们买东西不想花太多钞票，想省钱的话，就要懂得占商家的便宜。可以想办法充分地钻商家优惠的空子，用尽商家的回馈和返利。有空关注关注打折网的信息，下载一点优惠券，多在特价时间购物，选特价商品。

特别是生日聚会请客时——这是一笔大消费，其实有很多商家在生日当天凭身份证可以享受到很多超值优惠的，这些活动同学们都不要放过哦。

或者可以适时地组织一批有共同需求的同学，大家团购商品，批发价自然比零售价要便宜很多呀！

7.娱乐

大学生正处于青春年华，正是爱玩的年龄，少不了各种娱乐活动，可是这些娱乐活动却是同学们钱包的杀手，如何在娱乐时也能省钱呢？就要懂得多利用学校的娱乐活动。

学校每周末放的电影比外面可便宜多了，效果其实也差不多。再者学校里也有很多各种各样的娱乐活动，多参加学校的娱乐活动，用学校提供的娱乐方式，可以省很大一笔开支。

林溪是某大学的一名女生，她和男友都是铁杆的电影迷，但外面的电影院门票常常让两人敬而远之，尤其是在电影刚上映的那几天，更是贵得离谱，还抢不到票。偶然的机会，林溪听说学校的小礼堂每周六都放映电影，一元一张门票，这可乐坏了两人。

于是，从此以后，每周六，林溪和男友就早早到小礼堂占好座，学校的小礼堂里都是同学们，大家很安静地观看电影，银幕效果也非常好。

就这样，林溪和男友在学校里观看了各种大片，省去了出外的交通费，每人一块钱的门票几乎是送给他们观看的。有的时候，小礼堂里人很少，那电影仿佛只是为他们俩人放映的，让两人觉得非常浪漫，省钱又开心。

8.旅游

大学生旅游可以选择当地免费的公园，或者邀上几个好朋友到郊外去踏踏青，感受郊区的新鲜空气，既对身体有好处，又省钱。要是想去很远很漂亮的风景区，那就等以后挣钱了再去吧。

9.求职

大学生求职是花钱如流水的时候，买服装和各种报纸、吃饭、找地方住、做简历、跑招聘会、打电话……样样都得花钱，这些让刚入社会的大学生不知所措，眼看着自己的钱包一天天瘪下去，工作还是没有着落，心急如焚，如何在求职中省钱显得尤为重要。

（1）面试置装，享受团购优惠或者以租代买

置装费现已成为大学毕业生，尤其是女大学毕业生求职消费的大头，而且往往还需要一次性投入。

琳达是某大学传播系的研究生，为了参加招商银行的面试，特意买了西裤和高跟鞋，花了1000多元。

她抱怨说："现在一套像样的品牌西装就是两千多元，正装买好了，还得付'配装费'。穿上西装，平时的书包可不能用了。领带、皮包、皮鞋等，加在一起少说也要千把元。女生的裙装比男生的正装略便宜，但一般会买两套，总价便也跟着上涨。"

对于如此昂贵的置装费用，大学生应该怎样做，才能既穿得体面又不花费太多钱呢？其实，同学们可以联系本班或者外班同学，大家一起去团购，不仅能买到质地精良的衣装，省下的钱也是一笔不小的数目。又或者你不想买，因为穿一次就不会穿了，这样就可以采取租赁的方式，省钱更多。

刘涛和班里的男生买西装时，采取的就是团购方式，他们不仅得到了三折的优惠，还每人获赠一条皮带和袜子，真是划算到家了。

目前，在一些城市的大学城和人才市场的周边，精明的商家已经开发了一种"行头租赁"的业务。从西服、职业装、领带、资料包到各种求职装备小件，应有尽有。此外，店里还有就业指导师现场提供个人求职形象之类的服务咨询。这种租赁的方式等于是借船出海，比你买下整套求职"行头"的成本要低得多。

（2）免却奔波，借住同学宿舍

"打游击"是小东求职的一个招数，由于学校位于大学城，而招聘会大多在交通便利的市区。为了找到一份心仪的工作，他每次都"不远千里"去参加招聘会。

招聘会往往是周六、周日连着举行，刚开始小东参加完一天的招聘会后会住在价格实惠的招待所里，虽然费用不高，但积少成多也是一笔不小的'数目'。直到一次他的高中老校友来到大学城参加招聘会，恰巧小东的一位室友去外地求职了，校友就借住在小东那里。

从此事件，小东汲取了经验，就和很多同学建立了互助规则，互相借住，不仅免却了奔波之苦，更重要的是节省了开支，因为大多在学校里，吃饭也便宜。另外大家住在一起还能够相互交流，尽快熟悉招聘会环境并了解相关信息。

其实，在应聘成本日益增加的今天，能省则省成为很多大学生求职者的一个重要原则。他们通过利用一切可以利用的资源，不仅改变了因盲目乱闯而花冤枉钱的现状，也减少了异地求职的开支。

（3）合伙赶场，交通费用平摊

"我不在招聘会，就在去招聘会的路上。"正在求职中的小童号称自己每"招"必到："在没找到工作之前，只要有招聘会我都会参加，不想错过任何机会。"

与小童"同病相怜"的大学生还有很多，每到求职旺季，这些大学生就到各个招聘会上"赶场"。招聘会的名目林林总总，能够在一场招聘会上就找到工作的大学生寥若星辰，交通费就成为必不可少的一项开支。

小童坦言："城市太大，去一场招聘会来回一次怎么也得十几元。一

个月下来，对还未走出大学校园的我们确实是个不小的负担。"

为此，每次招聘会小童都会通过学校BBS或者交通网查询公交线路，做到心中有数。"当去公交车不太方便到达的地方应聘或面试时，几位同学结伴而行打车则是好办法，既能控制时间，又能省钱。"

如此，合伙赶场，安全放心，交流多多，省钱多多。

（4）定点复印，集体制作简历

"海投"是大学生争取就业机会的新方式。据了解，求职的大学生一场招聘会至少投20份简历，一家复印店的老板如是说："每年这个时候，打印店的生意主要是学生制作简历，有时候人多了还要排队。"

我们可以粗略地算一笔账：在校园里打印一张A4纸需要0.1元，复印的话，每张0.1元，如果50份以上就能便宜到8分一张。以打印一份一张A4纸的简历，复印30份为例，需要3.1元。

如果还有一份英语简历，那么费用翻倍。如果对简历要求比较高，制作精美，那么费用更是大大上涨。还有的学生到咨询公司修改简历，也得支付一定费用。如果以一份简历5元钱计算，一场招聘会下来少说也得花上百元钱。如果多参加几场招聘会，几百元的简历费也就很平常了。

这时如果可以几个同学联合起来集体打印，借助经济上的薄利多销法，老板是很乐意给你打个折扣的。而且要注意的是在招聘现场往往都设有打印点，但是费用要比学校内部高出很多，所以参加招聘会前一定要准备充足。

（5）借鉴前人经验，省力省钱

提高命中目标的概率是降低求职成本的一个重要方法。应届毕业生在初入职场时没有经验，难免会有一些盲目性，在屡屡碰壁后，才能摸索出一条属于自己的"捷径"。

与其这样不如事先作好准备。一是在校多参加一些这方面的培训课，在理论上武装自己；二是向已成功就业的师哥师姐们取经，看他们有哪些省钱又省力的好方法可以借鉴。

（6）分类击破应聘目标

毕业生求职不会只把目标锁定在一个企业或者一种行业。那么打印简历的时候不要一下子打太多，而是分出不同版本，每个版本只打几份即可，投给你认为比较有希望的公司。目标不明确、广撒网式地印投简历的做法，是求职过程中最不提倡的，也是最浪费的。

第四节 IT一族如何省钱

如今，IT业无疑是发展最快的一个行业，在这个日益庞大的事业群体中，每个人都在为自己的未来努力着，他们大部分时间都在忙，即使他们拥有令人艳羡的薪水，他们依然是无产阶级，因为他们很少花时间考虑关于如何利用钱财，如何省钱的问题。

那么，在全球资产都在缩水的今天，对于IT一族来说，应该采取哪些方式来省下钱财呢？

1.大小账都记

记账，这个看似琐碎的习惯，IT一族可能不屑，尤其是个别小账，他们更是觉得没有必要记。但它却帮你了解每个月的金钱流向，还可借此检视是否产生不必要的花费，让你省下一笔钱。

有时，你甚至会因为嫌记账麻烦而放弃一时的购买欲望。记得，要你省钱不是遏止消费，而是有意识地合理规划自己的财务。

2.节省能源

IT一族工作繁忙，可能平时根本没有关注过节能的事情，但其实只要你在日常生活中稍稍注意，慢慢形成习惯，就能为你省下一笔钱财。

首先要停止继续购买家用电动按摩椅、电动减肥仪之类的仪器，因为它们往往不实用，又费空间。其次，科学地使用各种电器，让其在最佳状态下工作。

其实，我们能从妈妈那里学到不少生活妙招：比如，蒸东西或烫青菜后的热水可以用来洗碗，这种天然洗洁精安全又环保；烹饪时，多凉拌，少煎炒，省煤气的同时还能保持蔬菜原有维生素和营养物质，更能减少卡路里摄入。

3.自己做饭

IT一族平日忙于工作，可能根本不会下厨做饭，其实他们平时食用的快餐并不能保证卫生，也不能提供足够的营养。如果IT一族们能够每天花一两个小时在做饭上，不仅能保证自己的身体健康，还能在做饭中放松，体会到从无到有的快乐，更是省钱的绝佳方法。

冬冬是一个IT门户站点的小编，一个兼有时尚感和超级敬业精神的小伙。由于自身的优越感，他从来对公司中午的工作餐不屑一顾，每天午餐，他会叫上一份"三菜一汤"的外卖。

然而自从金融动荡之后，冬冬似乎猛然意识到省钱的重要性，如今，冬冬在办公室添置了一个微波炉，每天晚上自己买菜回家做饭，把饭菜多做一份，然后第二天中午在办公室用微波炉加热一下即可食用，既便宜，又能注意营养搭配，还可以做到保鲜可口。

如此这样下来，冬冬每月花在吃饭上的钱减少了2/3，成为同事们纷纷效仿的对象。

4.随身携带密封式水杯

口渴时去便利店买瓶饮料，这是很多人的惯性思维，繁忙的IT一族更是如此。但这样不仅容易导致摄入过多糖分和香精，塑料瓶子还会给环境带来贻害万年的污染。随身携带水杯，就可以轻松节省下买饮料的开支，经济又环保。此外，喜欢喝星巴克的咖啡迷们，自己携带杯子装杯，每次可以节省2元。

大多数人眼里，IT一族不会关注这些微小的细节，然而恰恰是细节决定了习惯，习惯决定了一切，IT一族若想省钱，就得从这些小事做起，利己利人。所以，IT一族们，现在就往你的包里装一个密封水杯吧，绝对好处多多，省钱多多。

5.骑自行车上班

对于IT一族来说，上下班打车可能是家常便饭，他们的口头禅就是"赶时间赶时间"，然而这样下去，省钱基本是不可能的，况且如果碰到堵车，赶时间也成为梦想而已。

以往一直打车的阿锋，在意识到省钱的重要性之后，决定不再打车，而是新购置了一辆很具时尚感的山地自行车。买了自行车的阿锋，每天早起早睡，不仅可以在骑车的运动中进行健身，身体棒了，效率高了，而且节省下大部分打车的钱，更有利的是，他每年用于购买各种健身卡的钱也同时节省下来了。

6.买比火车票便宜的机票

有的IT一族需要经常出差，如果想要省钱又舒适，就要学会买比火车票还便宜的机票。私人购买机票，订票时间是很关键的因素。

如果行程早已确定，不妨提前订票，提前预订通常能拿到最低价格。如果是临时决定的行程，通过代理公司通常也能拿到一定的折扣。另外，养成积攒里程的习惯，大的航空联盟会让你几乎可以不浪费每一公里，定期可以兑换各式礼品，这也是一钟收获。

7.不要为情绪买单

IT一族有时情绪激动，有的女性会有购物的冲动。要想省钱，一定要克制自己不在饥饿、愤怒、月经前期逛街。因为这时候的你很容易冲动消费，千万不要犯这种代价昂贵的错误。

办公室午休时间，要学会带少量的钱逛街，如果真有你喜欢的东西，记下来，也许回去取现的路上，你就会觉得其实自己并不是非买它不可。

8.网上购物

IT一族肯定个个是电脑高手，如此好的资源就得充分地利用。要记得，什么东西都可以在网上买，在实体店记下商品货号之后，再去网上购买，价钱绝对便宜很多。另外，IT一族还可以运用自身优势，在网上秒杀到很多名牌商品，价钱也便宜得让你觉得不可能。

如今的小赵在商场超市买的东西少了，而在淘宝网等购物网站挑选价

廉物美的"宝贝"多了，不但让他觉得别有一番乐趣，更是花销减少了一半。

小赵正使用的这个心爱的MP3就是从网上买的，身在IT行业的小赵，对电子产品极为熟悉，在网上购买时也较他人有很多优势，买到假货的可能性基本没有，这款MP3比他原来在商场看到的便宜一半还要多，而且用着感觉非常好。

9.购买家电留好必要资料

IT一族虽然对家电产品有些了解，但在买家电的时候，也要注意妥善保管好发票和保修卡，一旦在保修期内遇到问题，可以让工人免费上门服务。买打折产品的时候，留意是否可以退换或保修。大多时候打折产品是不能退换和保修的，一旦出问题，需要自己维修，细算下来并不便宜。

10.运用网络电话

对于熟知电脑的IT一族来说，打电话基本可以不用一分钱，用网络电话就可以了。

如今的程程，每月至少可以节省数百元的通信开销，她所采用的方法就是在办公室和家里的电脑中同时安装了资费非常低廉的"KC网络电话"。这样下来，程程每天和客户大量的电话沟通和交流，就不用她花一分钱了，而且遇上打国内长途，更是省得多。

"KC网络电话"是目前市面上唯一一款同时集成有拨打电话、收发短信、收发邮件和在线聊（QQ/MSN）的新型网络电话软件，也是目前网络电话中通话音质最好和最稳定的网络电话软件之一。这款软件只要在电脑中安装一下即可直接拨打全球电话，软件拨打所有国内电话仅仅需要0.10元/分钟。而向移动、联通和中国电信手机发送所有短信也是仅仅需要0.10元/条（接收免费），这样的资费标准，应该比任何一种现行的手机套餐都要便宜很多，而且无论是省钱效果还是实际的通话效果，都非常好。

11.请朋友来家中聚餐

IT一族大都懒于下厨，和朋友聚会总是在外面餐馆吃饭，占用了大量资源，宾主却未能尽欢。其实，家庭温暖的回归才是人们内心真实需要的东西。

请朋友到家里来用餐，这不仅体现了主人对客人的尊重，还可以营造一种亲密、融洽的氛围。大家彼此交心，轻松舒适。DIY的鲜花、蜡烛布置，体贴入微的菜谱设计，所耗更少，所得更多。

12.让钱包里只剩下一张卡

IT一族给人最深的印象就是——他们钱包里的各种卡很多，像健身卡啦，各商场超市的VIP金卡啦，还有各种各样的银行卡，这些各式各样的卡估计每月的开销也非常了得！

长期下来，大家就很"荣幸"地步入了"卡奴"的行列，钱花去了不少，事没办成几个，还弄得焦头烂额，一塌糊涂。不如索性简单生活，让自己的钱包里只剩下一张卡。

可能你觉得一张卡不够用，但其实，其他的卡都是不必要的，没有了那些卡，你会想到用其他更加快乐和省钱的方式来替代它。比如说，没有了健身卡，可以每天多爬爬楼梯，围着小区跑几圈，不花一分钱，身体倍儿棒！

13.个性度假计划省钱有方

IT一族要多想到自己每天在电脑前工作的不易，辛辛苦苦挣得的钱财，在旅游时也要懂得节省。

不要在节日或旺季的时候去凑热闹，高额的旅费后面却往往换来打了折扣的服务与心情。选择在淡季出行，不仅各地机票和酒店的价格下降，旅行社的报价也会普遍下降。

参团依然是海外旅行最省钱省心的方式，但随着人们出游越来越讲究个性化，自助游已经成为假日出游的新宠。对此的建议是：可通过代理机构订房、订票、建议行程，并可根据自身需求进行微调，比如更换航班时间和酒店房间。类似的"半自助"模式不仅省钱、省事，更省心。

第五节 SOHO一族省钱招

现今社会中，"Single Office Home Office"已经成为一种时尚，家居办公成为越来越多人的选择。SOHO族的生活方式与传统的生活方式有很大差别，他们免掉了因上下班交通拥挤而浪费的时间，他们远离了办公室的人事纠纷，他们从事着自己所喜爱的工作，他们更有人自己做了老板。

SOHO跟传统上班族最大的不同是可不拘地点，时间自由，收入高低由自己来决定。由于SOHO一族的办公与居家合二为一，并且收入高低由自己决定，所以需要一定的财力支持，包括基础设施费用、订金，以及其他杂七杂八的生活费用等等。

这样下来，很多SOHO一族看似浪漫的生活背后，其实隐藏着自己的艰辛。他们很多人如果知道一些关于这个群体特殊的省钱招数，就一定能生活得更幸福，一定能让手里的钱更宽裕。

1.早睡早起

俗话说："早睡早起精神百倍。"这句智慧的俗语，似乎在SOHO一族中丧失了原来的"光彩"。许多SOHO一族，特别是年轻人，认为"早睡早起"无关紧要，他们喜欢根据自己的习惯生活，甚至黑白颠倒、日夜不分。

然而早睡早起却是个被称为真理的好习惯，因为它能使人精力充沛，保持清晰头脑。对于成年人来说，每晚10点左右是入睡的最佳时间，早晨最好6点起床。

SOHO一族一定要早睡早起，克服自己熬夜的不良生活习惯。如果一直没有规律地生活，不仅会让自己的身体垮下去，也绝对不会产生高的工作效率。这样长期下去，说不定哪天就得进医院了，那时，花掉的钱就是医生说了算了。

2.在家就穿睡衣吧

对于SOHO一族来说，如果今天不需要出门，就穿睡衣吧，睡衣宽松舒适，不仅让人心情放松，还能节省买各种正装、休闲衣的钱。穿着睡衣工作，因为身体舒适，不受压抑，心情也会格外的轻松，工作起来就效率更高。

而且在家的时候经常穿睡衣，能减缓其他衣物的使用寿命，减少其他正装的购买频率。当然，买睡衣时一定要注重品质，这样才能穿得健康舒服，穿得时间也长。所以，所有的SOHO一族，在家时，就选择自己钟情的睡衣吧！舒适又省钱。

3.自己做饭，多喝水

很多的SOHO一族平日里吃饭都是叫外卖，其实这是非常不划算的，外卖花钱多，还不能保证营养和卫生。大家可以在双休的时候，专门去采购食品。在家工作到饭点了，就站起来自己动手做饭，还可以舒活舒活筋骨。并且大多的SOHO一族，都是面对着电脑，做饭时可以看看青绿的蔬菜，对眼睛也好，用自己的双手为自己做出美味营养的饭菜，也是一件很幸福的事情。

无论你吃多么便宜的外卖，也不如自己做饭省钱，只是多花点时间而已，况且熟能生巧之后，做饭会越来越快。或者可以运用统筹学原理，锅里在煮东西时，也可以顺便做别的事情，这样就更能节省时间了。自己做饭的快乐、摄取的营养和省下的钱财是冰冷的外卖永远也达不到的。

4.购买性价比高的设施

SOHO一族在家办公的设施，都只限于自己使用，所以在购买时，一定要仔细挑选鉴别，一定要为自己挑选性价比高的产品。这样才能保证在使用过程中不会出现问题，额外的维修费也是不划算的。千万不可为贪图便宜，买了质量不佳的产品，这样不仅自己工作受阻，还会导致修理直至重买。

所以，购买设施时一定不要贪图便宜，要擦亮你的眼睛。

5.提高工作效率，为自己规定工作量

在家办公的SOHO一族，要注意不要把生活和工作混为一谈，休息时

休息，娱乐时娱乐，到了该工作时，就要注意提高工作效率了。

SOHO一族提高工作效率也是为自己省钱，省下电费、物资耗用费等等，并且工作效率提高了，还可以让自己心情舒畅，工作起来更加有效率。

所以，在办公时，大家首先应该为自己规定工作量，比如说，我今天要完成多少工作，在多长时间内完成，有了目标的激励之后，大家就会工作得格外认真，不被外界的诱惑打扰。

这样一来，效率自然而然提高了，节省了时间，节省了金钱。

6.一定要储蓄

SOHO一族或许疏于理财，更不谈储蓄了，以至于到了工作要付订金的时候，平日偶然有大项支出的时候，就会不知所措，负债累累。

要想自己在危机出现时，能应付自如，就一定要有储蓄的意识，每年、每月、每天，都要有一个储蓄的计划，储蓄卡里的钱轻易不要动，要有这样的意识：这是用来救急的！

这样有了储蓄之后，心里就会安然很多，钱也会越存越多，越省越多，或许在某一天，当你不经意地看到自己拥有的储蓄资金时，连自己也大吃了一惊！

7.用网络代替通信工具

SOHO一族平时都在网上工作，就要懂得利用网络工具，尽量不用手机，用聊天工具和电子邮箱来和他人交流，而且在视频中还能见到真人，岂不比手机好！这样每月就能省下电话费，一年下来就是一笔大数目了。

若是需要用手机时，就尽量发短信，短信中的文字有着语言说不出来的感觉，而且短信便宜，一条就能说清楚所有的问题。

在您能发飞信时，绝对不要发短信。飞信这项发明实在太伟大了！在键盘上敲敲字，一按回车，信息就发送到对方手机上了，而且一分钱不用花。

飞信还可以积分，每天8：00-24：00，累计在线时长每达0.5小时就获得2个积分，每天最多可获得8个积分。积分越多，参与抽奖的奖品越好，每天都有机会获得PSP礼包、100元充值卡、爱心T恤等礼品。

8.利用现有条件自娱自乐

在家办公的SOHO一族，平时的娱乐活动也可以尽量利用现有的资源和条件，比如说，可以在网上看看电影，省去电影院门票的钱；可以在网上下载自己想看的杂志，也不用花一分钱买杂志，可以跟着网上的视频学跳舞、学唱歌、学弹吉他……

还可以在家里的地毯上练瑜伽、打太极，或者是自己在家K歌，想唱什么就唱什么，自己开心就好。所谓自娱自乐，身居自家，随心随性。

9.时常出去走走

SOHO一族长期待在家中，和外界接触太少，长此以往，容易患上各种轻微的心理疾病，抑郁、封闭、不爱见人。所以，大家应该多出去走走，或者是清晨，或者是黄昏，散散步，和邻居们聊聊天，最近哪儿的卖场有优惠活动啊，哪儿的蔬菜便宜又新鲜啊，这些可爱的家庭主妇都是一个个的活广告，她们的信息量足，绝对能让你买到称心便宜的商品。多出去走走，看看周围的绿色，舒缓舒缓疲劳的双眼，锻炼锻炼自己的身体，为明天的工作铆足劲继续前进。

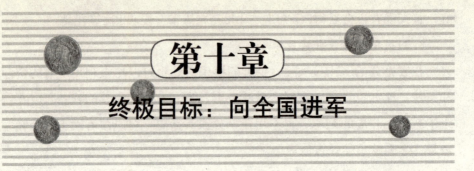

第十章

终极目标：向全国进军

省钱大作战在各位亲爱的读者的努力下，终于要走向胜利了！接下来就是我们此次战争的终极目标了，那就是——向全国进军！也就是说，在全国各地，无论您身处任何地方，都能买到又便宜又好的东西，都能花得很少吃得很好，在省钱的前提下玩转各地。

那么，如何在全国各地都能购物开心又省钱、吃得好还花得少、玩转全国呢？为了达到我们本次作战的终极目标，让我们一起来作最后一搏，将省钱进行到底，向全国进军！

第一节 进军规划要做好

要想向全国进军，在全国各地耗费低成本过幸福生活，活得潇洒自如，就首先要有一个生活规划。无论何时，在什么地方生活，都要首先做好计划，做到心中有数，这样才能让自己的进军有步骤、有目标，不会像一团乱麻，我们的终极目标也才有达成的可能。

一、设定具体的进军目标

虽然是玩转全国，但在之前一定要设定一个具体的目标。具体准备去哪儿？打算在那儿生活多长时间？预算花费是多少？需要在此地完成什么任务？准备去哪些景点？这些都在设定具体目标的考虑之内。只有将目标具体化，才不会像无头苍蝇那样，没有头绪，花钱时也才能心中有谱。

1.去哪儿

所谓玩转各地，首先要明确自己打算去哪儿。虽说江山如此多娇，但也是风情万种，远近高低各不同。读者可以根据自己的喜好，确定自己的出游打算。

（1）都市篇

①香港：香港是一个年轻的城市，是一个充满奇迹和神话的城市，是一个令人无比激动的城市。世界级的建筑、快节奏的生活、时尚摩登的娱乐享受，无不凸现出这座城市的惊艳魅力。

香港是一个生活的天堂，集各式各样的欢乐于一地。在香港，既可以观赏到美丽的自然风光，又可以获得商业文明带来的种种享受；既可以浸淫在摩登社会的物质享乐中，同样也可以重温旧时代的朴真生活方式。

香港也是一个有着传奇故事的城市。从一个默默无闻的小渔村到繁华

的都市，从殖民地到世界上第一个实施"一国两制"的地方，香港经历了历史的风云变幻，香港更成熟了，更包容了。

"动感之都"香港是人们瞩目的焦点，是人们感受生活的地方。

②上海：中国最繁华的城市之一，是我国的优秀旅游城市，素有"东方巴黎"的美誉。她位于长江三角洲前缘，东临浩瀚的东海，西接富庶的江浙，北界壮阔的长江入海口，地理位置十分优越，属于亚热带海洋性季风气候，温和湿润，四季分明，雨水充足，年平均气温16℃。

一百多年前，上海开埠后，交通便利，万商云集，实业兴盛，文人修学，承传文化有绪，素得风气之先，是曾有过"不夜城"之称的大都会。她就像西太平洋海岸的一颗明珠，有着"东方明珠"之美誉。近年来她又重新焕发迷人的风采，既怀旧又摩登，既富东方神韵又有西方风味。

今日的上海，更是一座极具现代化而又不失中国传统特色的海派文化都市，繁华的大上海处处显现着她的独特魅力，令人着迷。繁荣与开放在这里播种，东方明珠电视塔、金茂大厦、上海国际会议中心、浦东国际机场，无一不描绘着国际大都市的开阔前景。

多年以来，她宛如一位身着旗袍的绰约女郎，用吴侬软语诉说着上海的花样年华，凭借着自己独特的风韵像磁石一样吸引了国内外的游客。

③广州：广东省省会，我国南部的一座现代化大都市，也是华南地区的经济、文化、教育、交通运输的中心。

广州既是我国优秀的旅游城市，还是著名的侨乡。南部优越的地理环境和气候造就了广州优美的景色、旖旎的风光，也使得广州常年鲜花繁盛，独得"花城"之雅号。

广州著名的商品贸易交易会"中国出口商品交易会"，俗称"广交会"，由中华人民共和国经贸部、广东省政府主办，于1957年春季创办。

广交会每年吸引数万家来自世界各地的客商前来参展，包括食品土畜、五矿化工、纺织服装、机电信息、医疗保健、轻工工艺等各大门类，产品种类丰富多样，包罗万象，成交额自创办以来逐年攀升，广交会已成为我国外贸发展史的见证。

广州旅游资源丰富，有着得天独厚的地理环境、源远流长的历史文化，名胜古迹众多，时刻体现着南国的风情。

④重庆：一个风情万种的浪漫山城，经济快速发展的现代化大都市。重庆市旅游资源堪称得天独厚，纵观全市巴山绵延，渝水纵横，俯瞰历史源远流长，文化积淀深厚，构成了集山、水、林、泉、瀑、峡、洞等为一体的壮丽自然景色。

从驰名古今的长江三峡，到誉满天下的大足石刻，组成具有重庆特色的"山城都市风光"、"长江三峡旅游黄金线"和"八大特色旅游区"，共有景点300余处，其中国家级文物保护单位10多个。

同时，巴渝古朴独特的民风民俗引人入胜，多姿多彩的地方文艺令人倾倒。重庆还是川菜主要代表地域之一，"吃"与"游"相得益彰，平添旅游者无限雅兴。

⑤成都：是四川省的政治、经济、文化中心。"天府风光"、"熊猫故乡"、"蜀汉文化"是其三大旅游特色。

成都气候温润，土地肥沃，自然资源丰富，西岭雪山、青城山、九峰山、九龙沟、天台山、朝阳湖、龙泉湖、桂湖、黄龙溪和农家田园风光共同构成了绮丽多姿的无限风光。

宜人的气候，深远的历史，富饶的物产，使成都成为一个宁静、悠闲、充满情趣的旅游之地。1500多年前的晋代诗人左思曾由衷地称它是"既崇且丽"。不论是"诗仙"李白，还是"诗圣"杜甫都曾无限深情地讴歌过这座风姿独具的城市。

的确，成都是一座既宁静又繁荣，既有深厚的文化积淀，又有优美自然环境的城市。

此外，川菜和川剧也是到成都旅游时不能错过的两项，川菜可是享有"一菜一格，百菜百味"的美誉，而川剧也有"蜀戏冠天下"的盛誉，尤其是闻名遐迩的变脸、喷火这两项绝技吸引着众多的观众。

⑥武汉：位于江汉平原东部，坐落在长江和汉水的交汇处，二水将武汉一分为三，市区由汉口、汉阳、武昌三镇组成，俗称"武汉三镇"，现

在三镇各有特色，武昌是以文化科教为主，汉口以商业为主，汉阳则是政府重点的开发区。

武汉属亚热带季风气候，四季分明，雨量充沛，夏季炎热，七八月气温可达40摄氏度以上，是我国的四大火炉之一，也是我国东南多雨到西北少雨的过渡带，具有伏旱和梅雨的特点。市内河流、湖泊众多，地理位置优越，水陆交通发达，素有"江城"和"九省通衢"之称。

值得一提的是建国后建设的"武汉长江大桥"，不但是长江上的交通枢纽，也是游客们的青睐之地，桥分为两层，上通汽车，下走火车，并且在两边的桥头堡中有大型雕塑，站在大桥之上，可尽览长江之水滚滚而来、轮船往来穿梭的景象，同时也可体验到毛主席"一桥飞架南北，天堑变通途"的英雄胆识。

武汉市内公园密布，市郊又有多处公园和风景区，有木兰山、石门、道观河、白云洞、九真山、嵩阳山、龙泉山等。

最为著名的当属东湖风景区，是国家重点名胜风景区，其湖面面积是杭州西湖的六倍，湖面烟波浩渺，天水一际，湖岸蜿蜒曲折，有"九十九湾"之称，现已形成了听涛、磨山、落雁、白马、珞洪、吹笛六大景区。

武汉美称"江城"，源于唐朝大诗人李白"黄鹤楼中吹玉笛，江城五月落梅花"的千古绝句，这一称呼也是由于武汉的发展与长江、汉水的关系特别密切，所以沿江九大城市中，唯独武汉享有"江城"的雅名。

(2) 古城篇

①北京：是世界历史文化名城和古都之一。早在七十万年前，北京周口店地区就出现了原始人群部落"北京人"。而北京建城也已有两千多年的历史，最初见于记载的名字为"蓟"。

北京具有丰富的旅游资源，对外开放的旅游景点达200多处，有世界上最大的皇宫紫禁城、祭天神庙天坛、皇家花园北海、皇家园林颐和园，还有八达岭、慕田峪、司马台长城以及世界上最大的四合院恭王府等名胜古迹。

全市共有文物古迹7309项，其中国家级文物保护单位42个，市级文物保护单位222个。北京的市树为国槐和侧柏，市花为月季和菊花。另外，北京出产的象牙雕刻、玉器雕刻、景泰蓝、地毯等传统手工艺品驰誉世界。

②南京：古称金陵，曾是"六代帝王国、三吴佳丽城"的金粉之地，简称宁，是江苏省省会，是全省政治、经济、文化的中心。

南京是我国四大古都之一，历史文化名城。历史上曾有十个朝代在此建都，向称"十朝都会"，是我国著名的旅游城市。自六朝以来，十里秦淮沿岸，尤其是夫子庙地区，文运昌盛，市肆繁华，如今是中外旅游者游览、购物、品尝小吃、娱乐的胜地。

石城内外，旅游景点星罗棋布，国家级重点旅游风景名胜区：以中山陵为主的钟山风景区，国家4A级旅游风景区：南京中山陵风景名胜区、南京夫子庙秦淮风光带、南京雨花台风景名胜区。

景点有：总统府、煦园、梅园新村、玄武湖、朝天宫、鸡鸣寺、明故宫、莫愁湖、牛首山、南唐二陵、栖霞山、珍珠泉。六朝古都南京，正以她雄伟秀美的姿色、繁多的旅游项目、名胜古迹，吸引着中外游人。

③西安：古称长安，是人类文明和中华民族的发祥地之一。

漫长的历史创造出灿烂的古代文化，有着3100多年都市发展的西安，与罗马、雅典、开罗并列为世界四大文明古都，西安的文物古迹完整、系统、数量之多、密度之大、等级之高均居全国之冠，被誉为中国的"天然历史博物馆"。

最著名的景点有：中国原始社会母系氏族公社村落遗址——半坡遗址，世界八大奇迹之一的秦始皇兵马俑，以温泉闻名的华清池，世界上规模最大、保存最完整的古城堡西安城墙。

另有中国历史上唯一的一座两个皇帝（唐高宗李治和女皇武则天）的合葬墓乾陵，古朴雄伟的大、小雁塔，书法艺术宝库碑林，佛教圣地法门寺及所藏的稀世珍宝等。除此之外，还可欣赏仿古迎宾入城仪式、"晨钟暮鼓"的敲钟仪式。

④开封：位于中国河南省的中部偏东（古代称东京、汴梁），地处中

华民族历史发源地、中国文化摇篮的黄河南岸，是一座历史文化悠久的古城。

开封是历史上北宋时代的国都，简称汴，为我国七大古都和国务院首批公布的24座历史文化名城之一，历史上开封曾被称为大梁、汴梁、东京、汴京等。开封有省级以上文物保护点22处，市内还有龙亭、相国寺、繁塔、禹王台等名胜古迹。

佑国寺塔俗称铁塔，以其外壁镶褐色琉璃砖，近似铁色而得名，位于开封市东北隅，建于宋皇祐元年(1049)，平面呈八角形，高57.4米共13层。造型宏伟挺拔，塔身细部的琉璃砖雕有飞天、降龙、宝相花等花卉、人物50余种，雕工精细，神态逼真。

⑤洛阳：因为地处洛水之阳而得名，是华夏文明的主要发祥地之一。自公元前770年周平王迁都洛邑起，历史上先后有13个朝代在此建都，时间长达1500多年。悠久的历史留给洛阳光彩夺目的文化遗产和取之不尽的旅游资源。

洛阳有丰富的人文景观，其中龙门石窟是中国三大石窟之一，白马寺是中国第一座官办佛教寺院，洛阳古墓博物馆是世界上最大的古墓群，此外还有二程墓、白园、关林等一大批历史遗迹。

洛阳的自然风光同样引人入胜，"天津晓月"、"龙门山色"、"洛浦秋风"、"马寺钟声"等洛阳八景风格不同，景色秀丽，畅游其间，定会使您乐而忘返。

(3) 名山篇

①泰山：名列五岳之首的泰山，1987年被联合国教科文组织世界遗产委员会列为世界文化、自然双重遗产。正是："人间灵应无双境，天下巍峨第一山。"

泰山突兀而立于华北大平原东侧的齐鲁古国，东临浩波无涯的大海，西靠源远流长、奔流到海不复回的黄河，南有汶、泗、淮之水。纵览东部沿海广大区域，泰山居高临下，凌驾于齐鲁丘群之上，真正成了茫茫原野上的"东天一柱"。这样，古人们便有了泰山为天下之中心的感觉。

泰山拥有丰富的自然美，如果我们把风景自然美的形象特征概括为雄、奇、险、秀、幽、奥、旷的话，那么泰山除了从总体上和宏观上具有雄伟的特征外，还在雄中蕴含着奇、险、秀、幽、奥、旷等美的形象。

②华山：是位于陕西省西安以东120公里的华阴县境内，北临坦荡的渭河平原和咆哮的黄河，南依秦岭，是秦岭支脉分水脊北侧的一座花岗岩山。凭借大自然风云变换的装扮，华山的千姿万态被有声有色地勾画出来，是国家级风景名胜区。

华山不仅雄伟奇险，而且山势峻峭，壁立千仞，群峰挺秀，以险峻称雄于世，自古以来就有"华山天下险"、"奇险天下第一山"的说法，正因为如此，华山多少年以来吸引了无数勇敢者。奇险能激发人的勇气和智慧，不畏险阻攀登的精神，使人身临其境地感受祖国山川的壮美。

③恒山：北岳恒山，位于山西省浑源县城南。恒山山雄地险，横贯塞上，西衔雁门关，东连太行山，南接五台诸峰，北控塞北盆地，山峰绵延，奔腾起伏，横跨250公里，号称108峰。主峰位于山西浑源县之南，由两座山峰组成，东为天峰岭，西称翠屏山，海拔高达2017米，为五岳之最，号称"人天北柱"。

两峰对峙，耸入云天，万年的沉默摒弃人世诸般滚滚红尘；两旁绝壁，刀削斧劈，天工开物终显造化之伟力；中间为金龙峡，浑水从峡中奔流，歌唱着大自然本真清纯的生命韵律。峪谷极为幽深，蔚为天险奇观。

④衡山：南岳，素有"五岳独秀"之美誉，它既是举世闻名的佛教圣地，也是千百年来的文化名山；是军事上的天然防卫要塞，也是古今中外的旅游避暑胜地。

"清天七十二芙蓉"，衡山由包括长沙岳麓山、衡阳回雁峰在内，蜿蜒耸立着的72座山峰组成。南岳的首峰就在衡阳市南0.5公里的回雁峰。

南岳之秀，在于无山不绿，无山不树。那连绵飘逸的山势和满山茂密的森林，四季长青，就像一个天然的庞大公园。

衡山林深树多，光听听树的名字也够动人了：金钱松、红豆杉、伯乐树、银鹊树、香果、白檀、青铜以及常绿的香樟、神奇的梭罗、火红的枫

林、古老的藤萝。据统计，南岳现有的风景林各种植物有1700多种。

⑤嵩山：尧舜时代称"外方"；夏禹时称"嵩高"、"崇山"；周平王东迁洛阳后，始定"嵩岳山"为中岳，以后各代均称嵩山为中岳。

中岳嵩山东西长达60公里，共有七十二峰，东为太室山，西为少室山，其主峰海拔1512米，气势磅礴，犹如横卧的巨人。古人说"嵩山如卧"，明朝的著名文学家袁宏道则说嵩山像一条很清瘦的卧龙，道出了嵩山独特的形体特征。

（4）观海篇

①三亚：提起三亚，人们最先想到的可能是天涯海角、鹿回头、南海。三亚古时被称为崖州，因为这里远离大陆，孤悬一方，自古以来一直被称为"天涯海角"。

这里集中了阳光、海水、沙滩、空气、森林动物、温泉、岩洞、风情和田园等得天独厚的旅游资源，并形成了山、城、沙、海、港自然结合在一起的奇特景观，到处可见山峦翠绿。碧波环抱，椰林掩映，呈现着一派旖旎的热带海滨风光，置身其中，犹如仙家境地。

闻名中外被称为"东方夏威夷"的"天下第一湾"亚龙湾，享有"三亚归来不看海，除却亚龙不是湾"的美誉。

在三亚，日间可看云观潮、纵情碧波，夜里听涛入眠、梦系蓬莱的大东海，沙平水暖，是冬泳胜地。鹿回头山顶公园上的巨型石雕，在默默地诉说着黎家猎手和鹿女的美丽动人的爱情故事。被国外游客称为"北览万里长城，南游天涯海角"的天涯海角风景区，巨石突兀，惊涛拍岸。

玩海面、住海边、吃海鲜，充分展示了这座滨海旅游城的特色。

②大连：东临黄海、西偎渤海，位于辽东半岛的南端，是一座由港而兴的城市。大连港则是一座天然的不冻不淤的良港，是东北三省和内蒙古东部地区的进出门户，也是我国南北水陆交通运输枢纽和重要国际贸易港口之一，不但具有重要的战略地位，而且景色优美宜人。

大连是一座美丽的海滨城市，其曲折多变的海岸线上分布着众多美丽的旅游景点，有著名的金石滩国际旅游度假区和10亿年前形成的岩溶景观——黑石礁、棒槌岛、星海公园、虎滩乐园、东海公园等。这些位于海岸线上的风景点，被滨海公路串接起来，交通非常方便。

大连气候温和，物产丰富，它是中国的"苹果之乡"，还盛产山楂、葡萄、黄桃等多种水果。大连沿海藻类养殖产业发达，大面积养殖了50多种海洋生物。

③厦门：位于福建省东南部，面对金门诸岛，与台湾和澎湖列岛只有一水之隔，生态环境良好，空气清新，栖息着成千上万的白鹭，形成了厦门独特的自然景观，又因为厦门的地形就像一只白鹭，它因此被人称为"鹭岛"。

厦门是典型的"城在海上，海在城中"的"海上花园"。岛、礁、岩、寺、山、海、洞、园……一应俱全。厦门二十景，山海灵动，美不胜收。厦门的山海风光已成为福建省金牌旅游景点之一。

（5）古镇篇

④乌镇：一个早已印入人心的地方，一座已显世俗的古镇，却又遗忘于繁华，超然于世外。

乌镇，宛如一个被唤醒的梦，随着初春的雪飘飘而下，一直不停。那弥漫着长马褂、白围巾的曾经，眷恋着弯弯曲曲的河流，蜿蜒越过故事。这里桥有爱，这里水有心，这里有徐志摩看过的星星。

乌镇，像一个含着羞的水乡女子，以一种超然于尘世的姿势静静地隐在一处偏僻的所在。随着现代化的发展，人们似乎遗忘了它，正是人们的这一点疏忽，使乌镇保留了江南水乡特有的韵味，成就了它又一次的繁华。

走进乌镇，犹如品尝一份古典大餐。古朴的民风，丝竹的回响，历史的言说，还有文化的气息扑面而来。还来不及细想，一不留神，就跌入了历史的时空隧道。你的心跳和古老的乌镇同步，仿佛成了一位修炼千年的老者，羽扇纶巾，神态安详，和乌镇手掌相握倾心长谈。

弄堂犹在，两尺许的陋巷，房对房、窗对窗、排门对板门，亲密无间又互不干扰。户户一开门，家家是店面。东家的蓝布染坊，西家的布鞋作

坊；张家的狼毫笔店，李家的古玩字画……名匠名店，世代相传。百年老店，结成老街的伙伴，朝夕与共，共生共荣。

②周庄：周庄之美，首先在于水，水是古镇的灵魂所在，有"镇为泽国，四面环水"之说，两横两纵的河流在此形成"井"字形从镇中穿过，水景如诗如画，而周庄之美，还在于河上的桥梁，它们是这副水墨画作中不可或缺的部分，14座建于元、明、清时代的古石桥，游人乘坐吴中舟楫，穿梭于周庄古镇的水道之中，偶尔彩虹飞架，偶尔石门洞开，古景依依，水风习习，耐人寻味。

周庄的全福寺、澄虚道院等古迹名胜也是周庄美丽景色的组成部分，"全福晓钟"是"周庄古八景"之一，至今陈迹依旧，钟音袅袅。

③同里：作为著名的水乡古镇，同里则因水成趣，水上有桥，桥街相连，精致绝妙的粉墙黛瓦又坐落水边，倒映其中，相伴数百春秋轮回。

同里古镇原有八景、续八景、后四景等220处自然景点，这些景点随着历史的变迁，有的陈迹依旧，有的却已影踪难觅，被岁月的风尘所湮没；而经历史淘洗后的景点中，以"一园、两堂、三桥"最为出名，仍为古风遗存。

2.有什么任务需要完成

此次出游，到达目的地之后，有什么任务需要完成？比如说，是出差，还是采风，想去哪几个景点，是否需要买纪念品，是否要给亲朋好友带礼物……这些都要考虑在内，为之后的预算作准备。

在考虑任务时，不要过量，什么都想要，什么都想买，什么都想尝一尝，这样，预算的金额可能就会让你大吃一惊了。尽量选择经典的项目进行尝试，或者是根据自己的品味，选择有特色的项目，这样不仅自己玩得开心，钱也会节约不少。

3.预算花费

设定目的地以及确定任务之后，就需要对此次的出游花费进行预算。先要确定好游玩时间，有一个时间限制；然后设定一条花费平衡线，旅途所用绝对不可以超过这条平衡线。可以在预算时，将各种花费用具体的数字表现出来，这样就能产生更直观的效果。

当然，在预算时，一定要根据自己的实际情况，根据自己选择的目标和任务，预算平衡线要做得尽量仔细、准确，所谓八九不离十，以免浪费或者到时候钱不够花的情况出现。

二、准备工作要充分

在前往任何一个陌生的地方之前，我们都要懂得利用各种有利资源，为自己选择最经济、最合适的生活方式，如此，不仅花得少，玩得也更开心。

1.选择交通方式，提早订票

选择交通方式时，无论是大巴、火车，还是飞机，最好都提前订票，提前作好准备，以免到时出现买不到票的情况。尤其是飞机票，提前订票有时候会有很多惊喜，比火车票还便宜。

一般提前一个月的时间都可以订3至4折的机票，运气好的话还有两折，由此看出提前订票优惠多多。

订机票的方法多种多样，一般可以到本地的航空售票处进行预订，如果嫌麻烦拨打114也可以进行机票预订。还有一种就是网络上订票，网上订票如果掌握窍门，有时可以订到非常便宜的机票。全国比较有名的网络订票网站有：携程、艺龙、去哪儿、同程，各航空公司也有专门预订机票的网站，大家可以在网上查找一下。在网上订票的优点是可以清楚地了解某个时间某个航班的优惠信息，订票到了一定积分，还可以换取奖品！

2.了解当地饮食，为自己的肚子提前准备

提前了解当地的饮食，不仅能吃到正宗美味的当地食物，还能得到一种一切尽在掌握的成就感，更重要的是，提前对当地各个吃饭的地儿有个大致的了解，不至于挨宰。为自己的肚子提前准备，也为自己的省钱策略提前规划。

了解当地比较正宗的餐馆以及当地的特色小吃，让自己能够大饱口福，当然价钱也要事先查阅清楚。在对当地饮食的查阅了解中，一定要

对自己此次出游,在饮食方面的预算花费做到心中有数,保证自己吃得开心,又不超过预算。

3.查阅旅店资料

在去任何一个地方之前,一定要事先通过各种渠道查阅清楚当地的旅店,选择适合自己心理承受价位以及住宿条件也不错的旅店。

如今在网上各种旅游网站,都可以预定旅店,并且有详细的介绍,大家还可以通过114免费电话查询当地旅店信息,在各种旅游杂志、报纸上也都有各种旅店信息。大家在选择旅店时,除了考虑价位、住宿条件以外,也要综合考虑交通条件和安全状况。

选择交通便利的旅店,可以让自己的游玩、出行方便很多,乘坐公交车也节省很多钱。选择好自己认为合适的旅店之后,最好提前通过电话预定好,以免到时候客满。

4.规划好旅游路线

如果您事先规划好旅游路线,您会发现,自己的游玩会很有计划,不会有一团乱麻的情况出现,最重要的是,规划好旅游路线,会为您省下很多钱,绝对让您惊喜不断。以下以杭州旅游路线规划为例。

(1)第一天行程:抵达杭州

如果您是外地人来杭州旅游,住宿就要住在杭州的西湖边上的宾馆。我向您推荐:到达杭州后,住在西湖柳浪闻莺景区柳莺宾馆。临水而居,饱览西湖秀色。周围相距三潭印月、雷峰夕照不远,夜伴南屏晚钟进入梦乡。全家人休息调整,住宿费用要120元到150元。

(2)第二天行程:杭州西湖和市区内的著名景点

杭州西湖景区范围比较大,可看的著名景点相对集中:岳王坟;苏堤、白堤漫步;因济公而名震天下的灵隐寺;《水浒转》鲁智深坐化的六合塔;红顶商人胡雪岩经营的,位于河坊街上的诚信老药铺胡庆余堂,俗话说,北有同仁堂,南有胡庆余;伊斯兰四大寺院之一的凤凰寺都是不容错过的景点。

(3)第三天行程:逛逛杭州主要繁华商业街

杭州市的主要繁华商业街在市中心区的延安路、解放路和中山路。各类专卖店琳琅满目，女孩子一般喜欢买杭州的丝绸扇和绸伞作为纪念。休闲是杭州的一大特点，您可以漫步西湖苏堤、白堤，去西湖边上茶楼品香茗。

第二节 全国各地去淘宝

做好进军规划之后，我们就要开始付诸行动了！现在就让我们到全国各地淘宝去！每一个地方都有当地的特色产品，如果你是一个淘宝专家，就能买到自己喜欢、价钱还便宜的特产，各种商品应有尽有，只要你会淘！下面就为你介绍一些地方的特色商品购买点，让你花得少又买得好。

1. 北京

烤鸭：全聚德或者是便宜坊。两家都是北京老字号，非常不错的！全聚德在北京有三家本店：和平门店、前门店、王府井店。

糕点：稻香村、桂香春、大顺斋。

稻香村的点心都是现买现装的，按送的人来定，老年人可以要软的之类的，价钱也不贵，一盒也就几十元。

茯苓夹饼、各种系列的果脯、满口香，这些一般在大型商场的地下超市有卖，质量有保证，价钱也公道。茯苓饼要看各人口味的，有人喜欢，有人不喜欢，他们会说自己在吃塑料，当然有点夸张。所以买茯苓饼一定要买好牌子的，推荐"红螺牌"，可散装买也可买盒装的。

如果要买点酸甜的东西，就是山楂制品了。铁山楂（山楂卷）、金糕（山楂糕）很好，推荐买"怡达"、"亚田"的。现在蜜饯制品，质量参差不齐，还是买好牌子吃着放心。

还有一些大家普遍都喜欢的食品，比如推荐"豌豆黄"、"栗子羹"等，如果要带回家，最好买真空包装的，能够保持新鲜度。

还有一种非常好吃的小吃叫"糖耳朵儿"，地安门有个小吃店卖的最好，就在十字路口。

2.上海

衣服：高级的就去淮海路的名牌店，或者就去华亭伊势丹，在浦东，就去正大广场。

上海的特产小吃：南翔小笼、云片糕、梨膏糖、苏式点心、蜜饯、牛皮糖、五香豆、藕粉、黄金糕、石库门老酒、大闸蟹。

南北货商店：各种小吃应有尽有，价钱公道。

南京路：稻香村的鸭胗干、散装的巧克力都不错。

豫园：五香豆等各种特产。

富春小笼店：这里的上海点心很正宗，地址：愚园路靠近镇宁路，地铁二号线江苏路下来。

城隍庙小杨煎包：各种汤包和小笼包，小杨煎包还有很多分店

三阳南货店：云片糕、火腿肉、梨膏糖、花生酥、火腿、鸭头，这些零零碎碎的吃食，价钱都很便宜，味道一级棒。地址：南京东路630号

邵万生南货店：各种自产自销的糟货，成就了很多上海人对于上海最初的味觉体验。吃着这些糟货，仿佛那些旧时光的温柔气息便如同那熟悉的味道，扑面而来。地址：南京东路414号。

真老大房食品：老大房的门口总是排着长长的队伍，到了逢年过节，队伍更是壮观。这里的各种糕点不仅是上年纪人的选择，也是年轻人一样喜欢的食品。地址：南京东路542号。

老同盛南北货总号：这里的海鲜水产、四鲜、水果、糖、酒、腌腊制品等足以看到眼花缭乱。而桂圆、荔枝、香菇、黑木耳、红枣等南北货还有盒装、箩装等各种包装，作为礼物送人的话，也是足够好看。地址：方斜路97号。

3.广州

红棉市场、高第街：服装批发商贩云集之地。

布料：海印布匹市场。

一德路：著名的海鲜干货一条街。

华林寺玉器一条街：专卖玉器、酸枝木家具和红木家具。

文德路文化街：古玩、旧书、花鸟鱼虫。

电器：海印电器城。

上下九路、第十甫路步行街及北京路步行街：热闹的平民购物街。

新城区的天河广场：是当地人最骄傲的购物中心，集购物、休息、娱乐、饮食于一体，提供良好的购物环境。附近的中信广场也是高档购物的首选。

状元坊：学生用品、工艺精品、饰品。

状元坊是一条古老的内街巷，已有700多年历史，因宋代状元张镇孙故居于此而得名。自清代康熙年间以来，街内遍布加工金银首饰、戏服、顾绣、绒线绣球的手工艺作坊，并以其技术精巧而享誉国内外。1990年开始设立工艺品市场，并逐步发展成为远近闻名、颇有特色的学生用品和工艺精品专业街。

状元坊全长260米，宽约5～7米，最窄处只有2米。街内商铺40间，商场12个，共有经营档铺540个。据统计，每日人流量超过万人，节假日更是人潮如涌。

4.杭州

(1) 丝绸

杭州丝绸品种繁多，最著名的品牌有喜得宝、万事利、凯地等。全真丝织物价格大约是化纤、仿真丝绸缎的两倍左右，所以你可以参考下面两个方法来识别是否真丝产品。

国产绸缎实行由中国丝绸总公司制定的统一品号，品号由5位阿拉伯数字组成。这5位数字从左向右第一位数：全真丝织物(包括桑蚕丝、绢丝)为"1"，化纤织物为"2"，混纺织物为"3"，柞蚕丝织物为"4"，人造丝织物为"5"。

从手感上来说，全真丝织物光泽幽雅柔和，手感柔和飘逸。化纤织物

光泽明亮、刺眼，手感较硬挺。某些仿真丝织物虽然经过脱坚处理，手感较柔软，但绸面发暗。

推荐地点：杭州中国丝绸城，位于凤起路、体育场路、新华路之间。这里是目前全国最大的丝绸专业批发市场。谁都不能说丝绸市场(丝绸城)卖的丝绸就是最正宗的，但毋庸置疑，这里的丝织物确是杭州最齐全的。

古色古香的街道，配上绮罗绫缎，让你仿佛回到了过去。从几块钱的小丝巾到几百上千的丝绸旗袍、睡衣，你都能在这里找到。

（2）织锦

杭州的都锦生织锦是在丝绸传统工艺的基础上，用提花机通过花板控制多种色彩的经线和纬线，织出名贵的字画、优美的自然景物和惟妙惟肖的人像。

都锦生丝织厂是我国最大的丝绸工艺品生产出口企业。主要产品有风景画、台毯、靠垫、床罩、窗帘及作为衣料的织锦。产品雍容华贵，富丽堂皇，有"东方艺术之花"之称。

推荐地点：邮电路94号、凤起路杭州第十四中对面、茅家埠都锦生故居都设有都锦生织锦专卖店。

（3）杭派女装

杭州有"女装之都"之称，购买杭州女装首选武林路时尚女装街，它由武林路(庆春路至体育场路)、凤起路(延安路至环城西路)两部分组成，呈十字形。

武林路女装街是杭州学院派女装的发祥地，现有品牌服装220多家，杭州女装品牌更在这里集中。这些林林总总的小店铺，组成了武林路多姿多彩的流行世界，有飘扬着江南的朴素和自然的"江南布衣"，有温柔婉约的"古木夕羊"，还有春意盎然的"浪漫一身"……应有尽有，美丽无比。

另外还有四季青服饰市场，它是杭州最老的服饰批发市场，现在已经成为一个市场群。尽管是个大市场，四季青的服装档次不低，同时服装种类丰富。所以这里是测试你挑选衣服眼力的地方，如果你很有信心，那来四季青就赚大了。

不过四季青的服装品牌良莠不齐，而且很多衣服不能试，所以逛街时要格外用心，千万不能贪图式样和便宜，乱买一气。

（4）扇子

王星记扇子是我国著名的传统工艺品，已有130多年历史，如今有15个大类、400多个品种、1300多种花色，其中以黑纸扇和檀香扇最为著名。黑纸扇以棕竹做扇骨，用桑皮做扇面，双面涂柿漆，既能扇风取凉，又能遮阳避雨，即使在阳光下曝晒或在水中浸泡10多个小时，依然美观牢固。

推荐地点：王星记在邮电路92号、仁和路62号、河坊街都设有专卖店。

（5）剪刀

杭州张小泉剪刀分工业用、农业用和民用三大类，还有旅行剪、绣花剪、照相花边剪等。剪刀镶钢均匀，磨工精细，刃口锋利，式样精巧，开合和顺，经久耐用。

推荐地点：延安路225号、大关路33号、河坊街都有专卖店。

（6）土特产

除了西湖龙井茶外，杭州的著名土特产还有西湖藕粉、西湖莼菜、山核桃等。

西湖藕粉以余杭沾桥三家村的藕粉最为有名，所以又称"三家村"藕粉。藕粉呈薄片状，质地细腻，色泽白里透红，用开水冲泡后，撒上桂花，晶莹透明。藕粉还有健脾、生津、开胃、润肺的功效。

西湖莼菜叶片呈椭圆形，暗绿色，每年春天到秋天采摘，滑腻、清香、鲜嫩，富含蛋白质、维生素C和铁质。

山核桃主要产地是临安，其中以昌化山核桃最有名。

5.南京

夫子庙：特产店很多很多。

沃尔玛、家乐福、好又多、欧尚、苏果：这些大型卖场都有各种特产

销售。

成贤街上的国营店：最好吃的南京桂花鸭在这里。

江东门的南京云锦研究所：云锦、江宁金箔制品、雨花石等工艺品。

雨花台：销售各种雨花石。

6.武汉

鸭脖子：就在精武路上买，最正宗。

热干面：如今各大超市都有包装好的，可以带回家。

武昌鱼：超市也有包装好的，有大有小，价格不一。

黄鹤楼香烟：包装不同，价钱不等。

第三节 全国各地都吃好

说起各地著名的小吃，爱吃的读者们肯定都会流口水吧！大中华几千年的饮食文化造就了如今应有尽有的美食，各地的美食都有不同的特色。

各地的生活标准不同，也使得各地的饮食成本不同，如何在全国各地都能饱尝美味，又不花费很多钱财呢？这就需要我们去收集各地著名的小吃去处，吃得好又花得少。

1.北京

致宾楼饭庄小吃部：教子胡同南口，小吃品种挺多，环境也不错。早点豆浆特好喝，是那种所谓有"卤水味"的。一碗豆浆加上俩糖油饼，标准的一顿北京式早餐。

小肠陈：门框胡同廊坊二条，马记月盛斋隔壁。

陈记卤煮：陶然亭太平街丁字路口路北，味道很不错。

益众饭馆：东四十字路口往北路东，四条把口儿。店内有"卤煮张"招牌，老北京肉市广和楼戏园内的张记卤煮很有名，但不知此张是不是彼张。

天福号：西直门内大街213号，北京人打小就吃的天福号酱肘子，黑红油亮，软烂入味，肥而不腻，味道那叫一个棒！

奶酪魏牛街店：牛街北口西侧1号商业楼牛街清真超市2层，北京老字号，原味的宫廷奶酪"浓、稠、凉、细、滑、香、甜"，用瓷碗装着，倒过来还能做到纹丝不动、一滴不洒，真不愧是京城独一份的合碗酪！

美栗乡：西安门大街93号，没有过多的水分，好剥皮。

爆肚冯：菜市口十字路口西南，正宗的北京小吃。爆肚选料新鲜，洗得干净。

锦馨豆汁儿：广渠门内大街193号，品正宗豆汁的好去处。他家的豆汁是绿色的，味道很浓、很纯正，人常常说不喝三碗不回家。店面不大，但饭口上人较多且全是最普通的北京人，只要一进门就让你回到十多年前吃饭排队等坐的年头。

河间驴肉王护国寺店：护国寺街90号，别看门脸又破又小，里边却藏着你意想不到的美食。驴肉火烧是一定要吃的，现烤的火烧酥酥软软，配上筋道的冷驴肉，浇上浓郁的汤汁，口感层次分明，有冷有热，又脆又有嚼头，那滋味真是绝了！

2.上海

万寿斋：虹口区山阴路123号，理想海派小吃店，这里的三鲜大馄饨不会让你失望，肯定是上海最好的三鲜大馄饨了，大大的个头，饱满的身材，丰富的馅料，本帮的味道，实惠的价格。

兰桂坊：长宁区娄山关路417号，上海滩面之王者，这是一家本帮面菜馆，设在虹桥这个上海美食密度最高的地方。

绿波廊：黄浦区豫园路125号，上海正统点心，50元一人的下午茶点心套餐，可谓是上海的小吃大全，桂花拉糕上海第一，清香可口。眉毛酥这个在其他地方几乎绝迹的点心这里也有，好吃得很。

美新点心店：静安区陕西北路105号，汤团上海第一，这里的汤团，皮薄，看上去几乎有晶莹剔透的感觉，鲜肉的馅料尤其出色，肉紧，汤鲜，感觉还带微量酱油，怎一个美字了得！

阿娘面馆：卢湾区思南路19号，上海最火的面馆，这家店的面的确是值得称道的，标准的苏式白芯面，筋道，浇头中的黄鱼和雪菜可谓绝配，鲜美无比，秋季的蟹粉面也很赞。

3.广州

同记鸡粥：皮爽肉滑白切鸡，

在长寿东路一个胡同口，"同记鸡粥"看上去真的很不起眼。在不到30平方米的空间里，有六七张桌子。小店的装修没有花太多的心思，你仔细找也没有发现店家的招牌，做了几十年的街坊生意，口碑应该就是最好的招牌吧！

地点：长寿东路福广里3号

宝华面店：香脆不腻猪手面

如果坐地铁到上下九路、宝华路上的宝华面店"必杀"。因为它是一间有浓厚广州风味的老店，如果把一间店称为"老店"，至少说明两点：历史够久和味道够权威。

木桌圆凳、插在盒里的筷子、抹布、酱醋辣椒瓶，还有少不了的熙熙攘攘的说话声。招牌的猪手面，猪手是撕开的，咬起来香脆不腻，面是传统的竹升面，幼细滑韧。

地点：宝华路15号

陈添记：口感脆利顺德鱼皮

过了宝华面店斜对面有一条小巷叫第十五甫三巷，拐进去就能看到"陈添记"的招牌，字是店家自己写的，挂在门口的获奖证书已经开始发黄，却并不妨碍远道而来的吃客。

鱼皮是顺德小食，"陈添记"的老板陈添是顺德陈村人，餐饮世家。这里做鱼皮依然坚持用祖传的方法：手工去皮，飞水，然后用自家酿的酱油来调配。一般是用鲮鱼和鲩鱼，鲮鱼容易入味，鲩鱼则口感爽脆。

地点：宝华路第十五甫三巷2号

富集：汤香味浓牛三星

简直难以想象，广州人如果没有了牛羊杂和牛三星该是什么样子。富集从当年长寿路路边档做到如今"客似云来"的盛况，其招牌的牛三星功不可没。"富集"的牛三星汤香味浓，牛肝嫩滑，牛心滑爽，连调料的酸萝卜也爽脆可口，味道没得顶。价格不贵，5元一碗。

地点：十甫路"富集"

银记：鲜香肠粉

与宝华面店一样，说"银记"的名号如雷贯耳一点也不夸张。肠粉因为要用大米磨浆蒸熟后的长条形状颇像猪肠而得名，"银记"做出来的肠粉白如雪，薄如纸，加入的豉油味道特别香浓。看着师傅在现场飞速地加料，油光闪亮的一大盘端上来，足够让人垂涎三尺了。

地点：上九路79号

4.杭州

潮州牛肉店：庆春路金壁辉煌对面，牛肉面特别好吃，有5元的和10元的两种，另外潮州鱼板面是用鱼肉和淀粉做成，味道极鲜，值得一试。

大块头小吃：长生路华侨饭店后面，特色菜：阿许手抓骨头。

图门串烤：清泰街东来顺对面，特色菜：酸菜鱼、小龙虾，这儿的酸菜鱼味道特别好，吃过了就知道！

城站澳毛头：这里有人称杭州最好的酱鸭。

沸腾鱼乡：文三街杭大专家楼对面，特色：水煮鱼。

5.南京

小解小吃店：大方巷23号，经营各种传统小吃、快餐、炒菜等。

镇江路小吃店：镇江路13号，镇江路小吃店是一家传统小吃店，以面食为主的餐馆，包括：各类煮面、浇面、炒面等，另有馄饨、炒饭等，店内环境干净整洁。

雅奇小吃店：位于红庙小区，雅奇小吃店是一家传统小吃店，经营以特色馄饨为主的各类小吃。店内的环境干净整洁，服务热情周到，小吃美味可口，价格经济实惠，周围交通便利。

倩倩小吃店：位于广州路，倩倩小吃店是一家主要经营各种小炒的小

吃店，店内环境干净整洁，服务热情周到，菜肴美味可口，价格公道，经济实惠。

吉祥小吃店：吉祥小吃店是一家传统小吃店，经营炒饭、炒面等。店内的环境干净整洁，服务热情。

6.武汉

刘胖子家常菜：民生路靠江边第一个路口。原本是个大排档，但物美价廉，味道很好，所以生意奇好。现在胖子发达了，重新装修，味道不变。

姊妹大排档：武汉六中附近，移动球场路合作营业厅斜对面。主营火锅，老板是一对外地姐妹。特色是煮不老牛肉，孜然味，很香，的确煮不老哦！而且底料味道很好，爱火锅的朋友别错过。

浙乐海鲜酒店：大兴路鞋城对面大巷口第二家饭馆，白马万商背后十字路口。主营海鲜和浙江菜，物美价廉。四五个人吃饱绝不超过一百五。比如扇贝3元一个，炒蛏子15元一盘。主食可以点炒粉(两人的话只需小盘)，这是特色哦，很细的粉丝，海鲜味，干软香！

熊胖子酒家：蔡家田小区里有一家熊胖子酒家，原来只是个小门面，但现在装修后味道还是和以前的一样好，价格也不贵。推荐：荆沙财鱼和尖椒爆鸭肠。

半条鱼：三阳路的麟子路口有家名叫半条鱼的餐馆，生意超级好。价位也超级底，半条鱼，10元；小份鱼嘴巴，12元；干鱿鱼烧肉，10元。

小夫子：三阳路立交桥下，就是罗莎蛋糕旁，有家小夫子，里面的铁板烧烤很棒哦！羊肉锅仔，28元，很鲜，里面没有其他的锅底，全是羊肉哦，所以超级鲜美，现在去那，凭学生证打八折，很便宜哦！

江胖子火锅：宗关水厂有个"江胖子猪弯弯"火锅，是鸳鸯锅，辣的那一半是牛肉和竹笋，另一半就是猪弯弯煨藕，味道确实不错，那个汤也非常好喝！一个小锅是35块！

年年有鱼：长江日报路，报社正对面。特色是各种鱼，比如瓦罐江鲇(很多都可一鱼三吃)，29元一斤，按鱼种类看，价格不一。味道很不错，鲜嫩，进味，香但不腥。两个人的话再点个青菜就够了。

乐川麻辣烫：味道非常的好，都是两毛钱一串的，什么都有，比前两年红遍武汉的什么重庆串串香要好吃得多，吃完了也是直接数签子算钱，蛮便宜。